모두가 알고 싶은

원소란 무엇인가

'원소의 모든 것' 편집실 지음
김승훈 번역
박세정 번역 감수

BOOK STAR

Original Japanese title: MINNAGA SHIRITAI! GENSO NO SUBETE SEKAI WO KATACHIZUKURU SEIBUN NO SHURUI・TOKUCHO GA WAKARU
© Cultureland, 2022
Original Japanese edition published by MATES universal contents Co.,Ltd.
Korean translation rights arranged with MATES universal contents Co.,Ltd.
through The English Agency (Japan) Ltd.

• 일러두기(한국어판에 대한 북스타출판사 편집부의 지침)

1. 원소명, 원자량, 밀도, 녹는점, 끓는점, 주기율표 특성 분류는 우리나라 새 교육과정과 대한화학회의 기준에 맞게 수정하였습니다.
2. 고체 및 액체 밀도는 1기압 실온에서의 값으로 단위는 g/cm^3이며, 기체 밀도는 1기압 0℃에서의 값이고, 단위는 g/L입니다.
3. 녹는점, 끓는점은 1기압에서의 값으로 단위는 ℃입니다.
4. 원자량, 밀도, 녹는점, 끓는점의 ( ) 안의 수치는 안정한 동위 원소가 없는 원소의 가장 안정한 동위 원소 질량수 또는 실험으로 얻은 값이 아닌 추정값입니다.
5. 발견자와 발견 연도는 '원소'로서의 발견을 한 것으로 일반적으로 알려진 인물 또는 단체로 확정하였습니다.
5. 《원소란 무엇인가?》 한국어판 내용 중 원서에는 없는 추가 주제에는 'K' 표시를 하였습니다. ('이 책의 활용 방법' 9페이지의 그림 참조)
6. 《원소란 무엇인가?》 한국어판과 관련하여 참고한 내용은 참고문헌 하단에 추가하였습니다.

모두가 알고 싶은

원소란 무엇인가?

목차 CONTENTS

제3주기

제4주기

제5주기

제6주기

제7주기

이 책의 활용 방법 HOW TO USE

이 책은 지금까지 발견된 118개 모든 원소를 다루고 있습니다. 사진이나 일러스트, 문장을 통해 원소의 용도 등을 쉽고 재미있게 소개하고 있습니다. 각 원소는 어디에 사용되는지, 일상생활 주변에서 쉽게 볼 수 있는 물건·사물들은 어떤 원소로 이뤄져 있는지 등 호기심을 자극할 만한 내용으로 구성돼 있습니다.

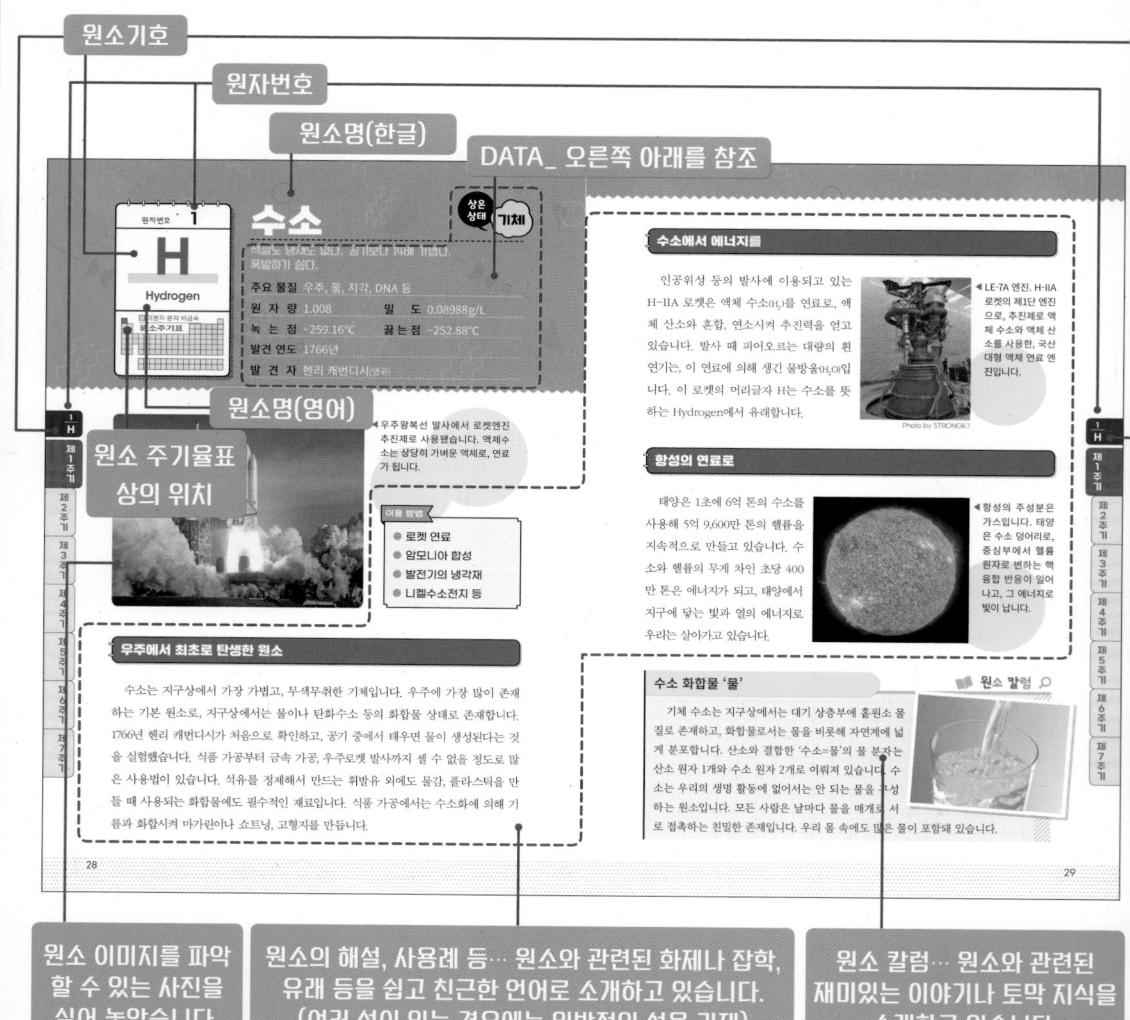

원소기호
원자번호
원소명(한글)
DATA_ 오른쪽 아래를 참조
원소명(영어)
원소 주기율표 상의 위치
수소
상온 상태 기체
원자번호 1
H
Hydrogen
주요 물질 우주, 물, 지각, DNA 등
원자량 1.008
밀도 0.08988g/L
녹는점 -259.16°C
끓는점 -252.88°C
발견 연도 1766년
발견자 헨리 캐번디시(영국)
수소에서 에너지를
인공위성 등의 발사에 이용되고 있는 H-IIA 로켓은 액체 수소(H_2)를 연료로, 액체 산소와 혼합, 연소시켜 추진력을 얻고 있습니다. 발사 때 피어오르는 대량의 흰 연기는, 이 연료에 의해 생긴 물방울(H_2O)입니다. 이 로켓의 머리글자 H는 수소를 뜻하는 Hydrogen에서 유래합니다.
◀ LE-7A 엔진. H-IIA 로켓의 제1단 엔진으로, 추진제로 액체 수소와 액체 산소를 사용한, 국산 대형 액체 연료 엔진입니다.
Photo by STRONGIK7
◀ 우주왕복선 발사에서 로켓엔진 추진제로 사용됐습니다. 액체수소는 상당히 가벼운 액체로, 연료가 됩니다.
이용 방법
로켓 연료
암모니아 합성
발전기의 냉각재
니켈수소전지 등
항성의 연료로
태양은 1초에 6억 톤의 수소를 사용해 5억 9,600만 톤의 헬륨을 지속적으로 만들고 있습니다. 수소와 헬륨의 무게 차인 초당 400만 톤은 에너지가 되고, 태양에서 지구에 닿는 빛과 열의 에너지로 우리는 살아가고 있습니다.
◀ 항성의 주성분은 가스입니다. 태양은 수소 덩어리로, 중심부에서 헬륨 원자로 변하는 핵융합 반응이 일어나고, 그 에너지로 빛이 납니다.
우주에서 최초로 탄생한 원소
수소는 지구상에서 가장 가볍고, 무색무취한 기체입니다. 우주에 가장 많이 존재하는 기본 원소로, 지구상에서는 물이나 탄화수소 등의 화합물 상태로 존재합니다. 1766년 헨리 캐번디시가 처음으로 확인하고, 공기 중에서 태우면 물이 생성된다는 것을 실험했습니다. 식품 가공부터 금속 가공, 우주로켓 발사까지 셀 수 없을 정도로 많은 사용법이 있습니다. 석유를 정제해서 만드는 휘발유 외에도 물감, 플라스틱을 만들 때 사용되는 화합물에도 필수적인 재료입니다. 식품 가공에서는 수소화에 의해 기름과 화합시켜 마가린이나 쇼트닝, 고형지를 만듭니다.
수소 화합물 '물'
원소 칼럼
기체 수소는 지구상에서는 대기 상층부에 홑원소 물질로 존재하고, 화합물로서는 물을 비롯해 자연계에 넓게 분포합니다. 산소와 결합한 '수소=물'의 물 분자는 산소 원자 1개와 수소 원자 2개로 이뤄져 있습니다. 수소는 우리의 생명 활동에 없어서는 안 되는 물을 구성하는 원소입니다. 모든 사람은 날마다 물을 매개로 서로 접촉하는 친밀한 존재입니다. 우리 몸 속에도 많은 물이 포함돼 있습니다.
28
29
원소 이미지를 파악할 수 있는 사진을 실어 놓았습니다.
원소의 해설, 사용례 등… 원소와 관련된 화제나 잡학, 유래 등을 쉽고 친근한 언어로 소개하고 있습니다. (여러 설이 있는 경우에는 일반적인 설을 기재)
원소 칼럼… 원소와 관련된 재미있는 이야기나 토막 지식을 소개하고 있습니다.

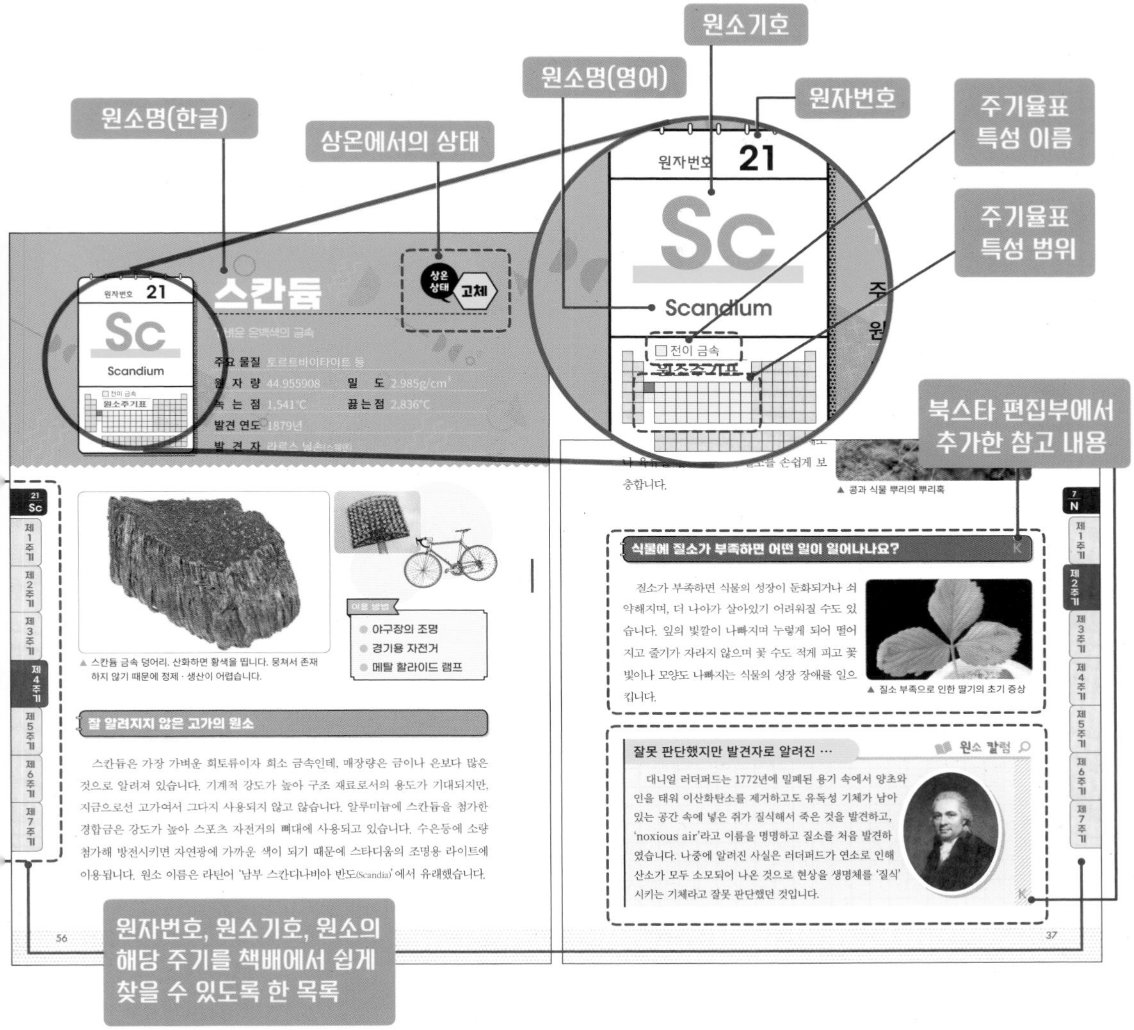

원소명(한글)
상온에서의 상태
원소명(영어)
원소기호
원자번호
주기율표 특성 이름
주기율표 특성 범위
북스타 편집부에서 추가한 참고 내용
원자번호, 원소기호, 원소의 해당 주기를 책배에서 쉽게 찾을 수 있도록 한 목록

DATA 보는 방법

※ 데이터의 출처는 참조 문헌을 참고

방사성 원소

상온 상태

기체, 고체, 액체로 분류해 기재해 놓았습니다.

원자량

원자 1개의 평균 질량

(자연에 존재하지 않는 경우, 동위체 질량의 일례를 [ ] 안에 표시했습니다.)

밀도

상온에서 1m³당 무게 (kg/m³).

녹는점 / 끓는점

상온 · 상압 아래에서의 수치. 1기압 아래에서 고체에서 액체로 녹는 온도(녹는점)와 액체가 끓는 온도(끓는점)를 기재

발견

원소의 존재가 발견된 해, 또는 홑원소 물질이 분리된 해 등

(여러 설이 있는 원소는 일반적인 설을 기재)

발견자

원소를 발견한 인물, 또는 홑원소 물질을 분리한 인물명과 출신국을 기재

(여러 설이 있는 원소는 일반적인 설을 기재)

들어가며

우리가 매일 사용하는 생활 속 일상용품을 비롯해 생물, 바다, 산, 지구, 별, 광대한 우주까지 모두 '원소'로 이뤄져 있습니다. 수소나 산소, 질소, 금, 은, 구리, 철 등 총 118종류입니다. 이 책은 사진이나 일러스트를 통해 118개의 원소들이 저마다 갖고 있는 개성적이고 훌륭한 역할과 기능을 알기 쉽게 설명하고 있습니다. 꼭 알아야 할 정보도 빠짐없이 수록해 놓았습니다.

원소의 기본부터 파악할 수 있도록 '원소란 무엇일까?'라는 질문을 맨 앞에 배치해 놓았습니다. 우리 생활 속에서 원소는 매일 활용되고 있지만, 아직 모르는 것도 많습니다. 또한, 지금도 119번째 이후의 원소를 찾는 연구를 계속하고 있습니다.

이 책을 통해 원소에 대해 관심을 갖게 되고, 원소에 대한 새로운 지식도 즐겁게 쌓아 나가길 바랍니다.

역자의 말

"아빠, 책은 무엇으로 만들어졌어요?"

초등학교 3학년 아들이 물었습니다. 저는 아들에게 '아직 그것도 모르느냐'는 듯, 의기양양하게 말했습니다.

"종이로 만들어졌지."

거의 모든 아빠들이 자녀의 이런 질문을 받는다면, 필시 저와 똑같은 대답을 할 것이라고 여겨집니다. 틀린 대답은 아니죠. 하지만 이 책을 읽고 나면, 자녀에게 1차원적인 단답형의 답변(종이)을 했다는 것을 알게 될 것 같네요. 다시 말해, 이 책을 읽게 된다면, 종이에서 한발 더 나아가, 자녀의 지적 호기심을 자극하고 상상의 나래를 펼쳐 줄 답변과 설명을 할 수 있을 거예요. 바로 다음과 같은 답변 말이죠.

"책은 종이로 만들어져 있는데, 그 종이는 원소로 이뤄져 있단다."

여러분, 여러분의 방에서는 무엇이 눈에 들어오나요? 책상, 문제집, 연필, 지우개, 시계, 옷, 책장, 옷걸이, 가방……. 여러분들 방에 있는 모든 물건은 '원소'로 이뤄져 있습니다. 여러분들이 매일 들이마시는 공기, 마시는 물, 먹는 밥, 여러분 주위를 둘러싼 모든 것도 원소로 이뤄져 있습니다.

이 책에는 지금까지 발견된 118개의 원소가 실려 있습니다. 여러분들이 알만한 산소부터 무시무시한 핵무기 원료까지, 118개의 원소를 여러분 눈높이에 맞게 쉽고 재밌게 설명하고 있습니다. 한 장의 내용을 읽으면 다음장이 궁금해져 책장을 계속 넘기게 될 거예요. 그림과 사진도 곁들여, 직접 눈으로 봄으로써 이해를 더 빠르고 더 깊게 할 수 있도록 했습니다.

여러분들은 이 책을 읽고 나면, 이 책을 읽기 전과는 달라진 자신을 발견하게 될 거예요. 이 세상을 바라보는 눈이 달라져 있다는 것을 느낄 수 있을 거예요. 평소 별생각 없이 사용하던 책상, 의자, 연필, 늘 보아 오던 나무와 꽃에서, 늘 마시던 공기에서 원소를 찾아내는 거죠. 우리가 보는 사물들이 원소의 조합으로 만들어져 있다는 사실을 깨닫게 되면서, 이 세상이 신기한 탐험과 모험의 세계로 바뀌게 될 거예요.

여러분들 가운데 이 책을 통해 원소의 매력에 푹 빠져 원소를 더 깊이 있게 연구하는 친구들도 나오지 않을까요? 그런 친구들이 훗날 어른이 되어 지금껏 발견되지 않은 119번째 원소를 찾아내는 '훌륭한 과학자'가 되어 우리나라가 아직 한 번도 받아 보지 못한 노벨상을 받아 봤으면 하는 바람을 가져 봅니다.

초등학생 자녀를 둔 부모님도 자녀와 함께 이 책을 읽는다면, 자녀의 사고력과 상상력을 더욱 키워 주는 데 도움이 될 듯합니다. 이 세계를 이루고 있는 원소에 대해 자녀와 자연스럽게 이야기를 나누게 된다면 자녀들이 세상을 단편적이 아니라 조금 더 깊이 볼 수 있는 힘을 갖게 되지 않을까요? 자녀뿐 아니라 부모님도 일독을 권하는 이유입니다. 온 가족이 이 책을 읽으며 원소의 세계를 여행하는 '신기한 경험'을 하셨으면 합니다.

2023년 6월　김 승 훈

번역 감수자의 글

학부에서 정보과학을 전공한 필자가 일본 유학할 때 부러웠던 게 딱 한 가지 있었습니다. 그네들의 기초 과학력(力)입니다.

일본은 2008년부터 매년마다 노벨상 수상자를 배출하였고, 필자가 박사과정을 할 때인 2012년과 2013년에는 2년 연속 3명씩이나 수상했습니다. 2021년 노벨 물리학상을 수상한 프리스턴대학 슈크로 마나베 교수까지 25명의 일본인 과학 분야 노벨상 수상자가 나왔습니다. 수상자들은 외국에서 유학하지 않은 과학자를 포함해 거의가 일본에서 박사학위를 받았습니다. 우리나라는 국내외 박사를 포함해 아직까지 노벨 과학상 수상자가 단 한 명도 없습니다.

일본 정부는 1880년대부터 교육의 기저(基底)에서 기초과학을 다뤘고, 1917년부터는 기초 과학 전문 연구 기관 '이화학연구소(Rikken)'를 설립했습니다.

2000년대 들어 속출하고 있는 일본인 노벨상 수상자는 100년 넘게 사회 백본(backbone)를 지탱하고 있는 기초 과학에 대한 일본 교육 정책의 지난한 노력의 결과입니다.

이 책이 대한민국의 미래인 어린 꿈나무들이 노벨 과학상에 한 걸음 다가가는 데 일조가 되기를 소원합니다.

번역 감수의 기회를 주신 광문각 관계자분들과, 이번 작업에 같이 임해 준 김승훈 작가님에게 감사드립니다.

2023년 6월　박 세 정

원소의 기본

원소란 무엇일까?

원소의 기원, 원자와의 차이점과 구조, 주기율표 등,

꼭 알아야 할 기본 지식을 설명합니다.

책 내용의 구성을 미리 알아두면

원소를 더욱 깊이 있게 이해할 수 있습니다.

원소란 무엇일까?

모든 물질을 구성하는 원소

우리 주변에 있는 모든 것은 '물질'입니다. 눈앞의 책상을 비롯해 풀, 나무, 동물, 바다, 산, 대기, 우주까지 모두 물질입니다. 모든 물질에는 그것을 만드는 근본 재료가 있는데, 가장 기본이 되는 성분을 원소라고 합니다. 물질은 118종류의 조합으로 이뤄져 있습니다. 정말 까무러칠 정도로 많은 수의 조합이죠. 자연에 존재하는 원소는 92종류밖에 안 됩니다. 나머지 26종류의 원소는 인간이 인공적으로 만든 것입니다.

이를테면, 수소(H)가 사라지면 물도 사라져, 지구상의 모든 생물은 살아갈 수 없습니다. 성냥에 사용되는 인(P)도 생물이 살아가는 데 없어서는 안 됩니다.

방사성 원소도 없거나 부족하면 지금의 생태계는 확 바뀌어 버릴지도 모릅니다. 또한, 우리 생활이나 산업 발전을 지탱하고 있는 것도 원소입니다. 탄소(C)는 주요 에너지인 석탄이나 석유 등 화석 연료를 만들어 냅니다. 철(Fe)은 다양한 기구나 건물을 만들어 냅니다. 여러분이 잘 아는 원소도, 잘 모르는 원소도 저마다 역할을 갖고 있습니다. 서로 결합해 형태를 이루면서 현재의 세계를 만들어 내고, 우리 생활도 풍요롭게 하고 있습니다.

원소란 각각의 성질을 나타내는, 근본이 되는 '종류', '분류'입니다.

물을 만드는 원자

원소란 원자의 종류로, 각각의 원자에 붙여진 이름을 말합니다. 물을 자세히 들여다보면, 물 분자가 보입니다. 물 분자는 수소(H) 원자 2개와 산소(O) 원자 1개로 구성돼 있다는 것을 알 수 있습니다.

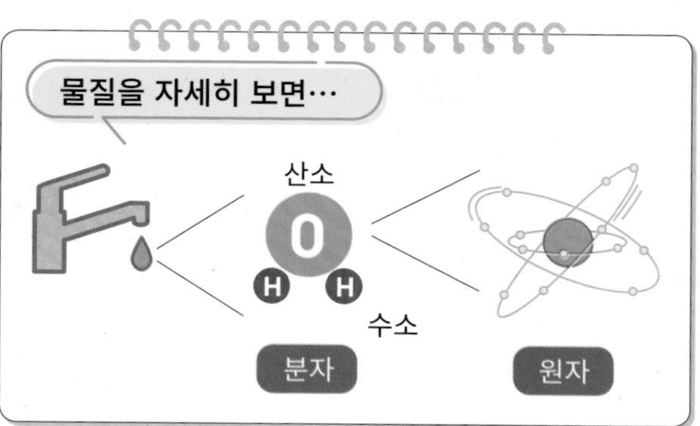

원자와 원소기호

세상의 모든 물질은 '원자'라는 알갱이로 이뤄져 있습니다. 원자란 물질을 구성할 때 기본이 되는 입자를 의미합니다. 물질의 최소단위라고도 합니다. 현재 알려진 118 종류의 원자에는 세계 공통의 알파벳 기호가 붙어 있습니다. 그것을 원소기호라고 합니다. 원자기호라고 하지 않는 것은 '원자'는 알갱이(입자)에 방점을 둔 명칭이기 때문입니다. 종류에 방점을 둘 때는 원소라고 합니다. (원자는 한 알, 두 알…이라고 세지만, 원소는 한 종류, 두 종류라고 셉니다). 원(元)과 소(素)의 훈독은 모두 '근원·본바탕'입니다. 즉 '원소'는 모든 물질을 구성하고 있는 기본 성분이라는 의미가 됩니다. 원소기호는 알파벳 한 개 문자 또는 두 개 문자로 표기되는데, 첫 번째 문자는 대문자, 두 번째 문자는 소문자로 씁니다. 발음 규정은 영어식 읽기입니다. 이를테면 Na의 경우 독일어 Natrium, 영어 Sodium이고, 한국에서는 소듐(나트륨) 등 다양하게 표현되지만, 발음은 '엔에이'로 읽는 것이 세계 공통으로 정해져 있습니다.

원자의 크기

원자 내부는 정중앙에 원자핵이 있고, 그 주위를 전자가 돌고 있습니다. 원자의 크기는 1Å(1옹스트롬), 즉 1억분의 1cm입니다. 이것은 얼마나 작은 걸까요? 원자 구조가 가장 간단한 수소를 통해 추정해 보겠습니다. 이를테면, 탁구공 크기는 직경 4cm입니다. 수소 원자는 약 1옹스트롬(=1억분의 1cm)이기에, 만약 탁구공을 지구 크기까지 크게 한 것과 같은 비율로 수소 원자를 크게 했을때, 수소 원자의 크기가 탁구공 정도의 크기로 확대된다고 할 수 있습니다.

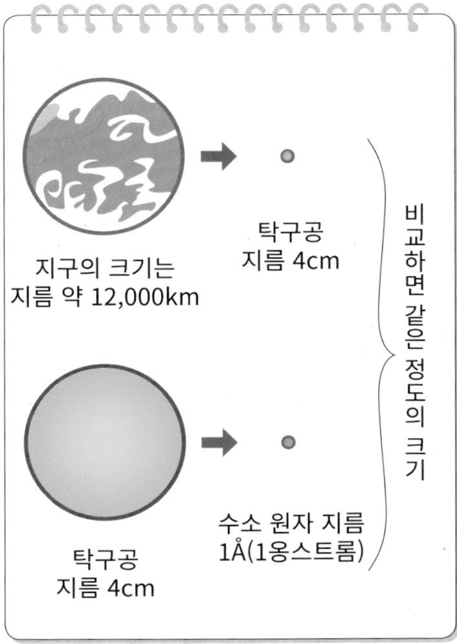

원소는 어떻게 생긴 걸까?

138억 년 전에 원소 탄생

우주는 138억 년 전의 빅뱅으로 탄생했다고 합니다. 원소도 빅뱅 이후 생성됐습니다. 빅뱅이 일어났던 순간에는 어떤 상태였을까요? 온도는 아주 높고, 에너지만 존재했으며, 물질은 없었던 것으로 추정되고 있습니다. 이후 우주가 팽창하면서 온도도 내려가고, 에너지가 모든 물질의 근원이 되는 소립자를 대량으로 만들어 냈습니다. 소립자에는 전자, 광자, 쿼크 등의 종류가 있습니다. 온도가 10억℃가 됐을 때, 소립자 가운데 쿼크가 뭉쳐서 양자와 중성자가 생겨났습니다. 그 후 양자나 중성자가 모여 중수소나 헬륨의 원자핵이 만들어졌습니다. 수소가 92%, 헬륨이 8%로 압도적으로 수소가 많은 상태였습니다. 이 과정은 불과 3분 만에 이뤄졌습니다.

빅뱅으로부터 38만 년 후, 온도가 약 3000℃까지 내려가고, 전자가 차츰 원자핵 주위를 돌게 되면서 수소(H)나 헬륨(He) 원자가 만들어졌습니다. 이때 리튬(Li)도 탄생했는데, 아주 조금밖에 없었습니다.

빅뱅 이미지

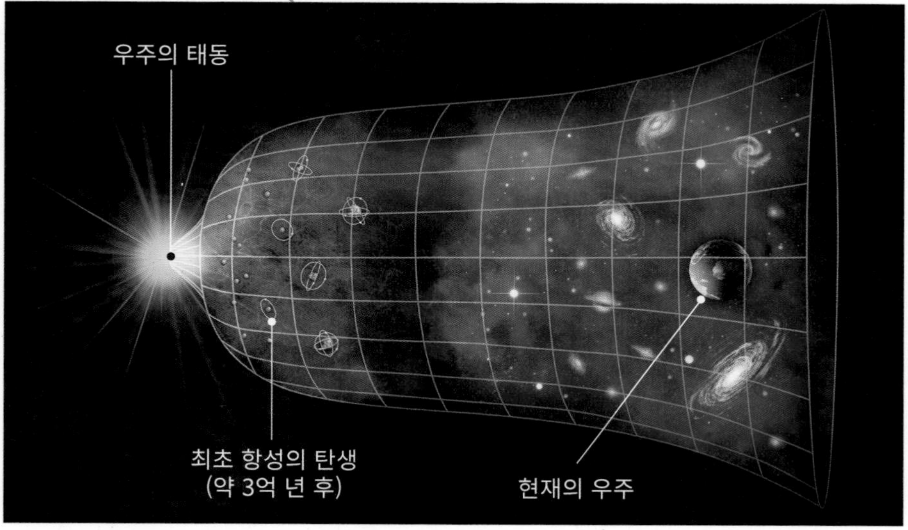

우주의 태동

최초 항성의 탄생
(약 3억 년 후)

현재의 우주

항성 내부에서 탄생한 원소

이들 원자는 가스가 돼 우주 공간을 떠다녔습니다. 그러는 동안 밀도가 짙은 곳이 생기고, 중력이 모여 항성이 형성됐습니다. 이때가 원소가 탄생하는 두 번째 순간이었습니다. 항성 내부에서는 수소 원자가 헬륨 원자로 변하는 핵융합 반응이 일어나면서 빛을 방출하게 됩니다. 항성에 헬륨이 쌓이면 헬륨도 핵융합해 탄소(C)나 산소(O) 등의 원자핵이 만들어지고, 별이 폭발할 때는 가장 무거운 원자핵이 생깁니다. 이렇게 거듭된 결과, 원자번호가 큰 규소(Si)나 철(Fe)까지의 원소가 만들어졌습니다. 항성 안에서는 중심으로 갈수록 중력에 의해 무거운 원소가 모이고, 다시 더 무거운 원소가 생깁니다.

인간의 몸은 탄소(C), 수소(H), 산소(O), 질소(N) 등의 원자로 이뤄져 있습니다. 이들 원자는 태양처럼 빛나는 항성 안에서 만들어졌습니다. 이렇게 탄생한 항성은 태양보다 8배 이상 무거운 별이 되고, 결국에는 대폭발하며 일생을 마칩니다. 그것이 초신성 폭발입니다. 이 폭발에 의해 철에서 우라늄까지의 원소가 한꺼번에 생긴 것으로 추정되고 있습니다. 현재도 은하계 중에는 100년에 하나 정도의 초신성 폭발이 일어나고 있다고 합니다.

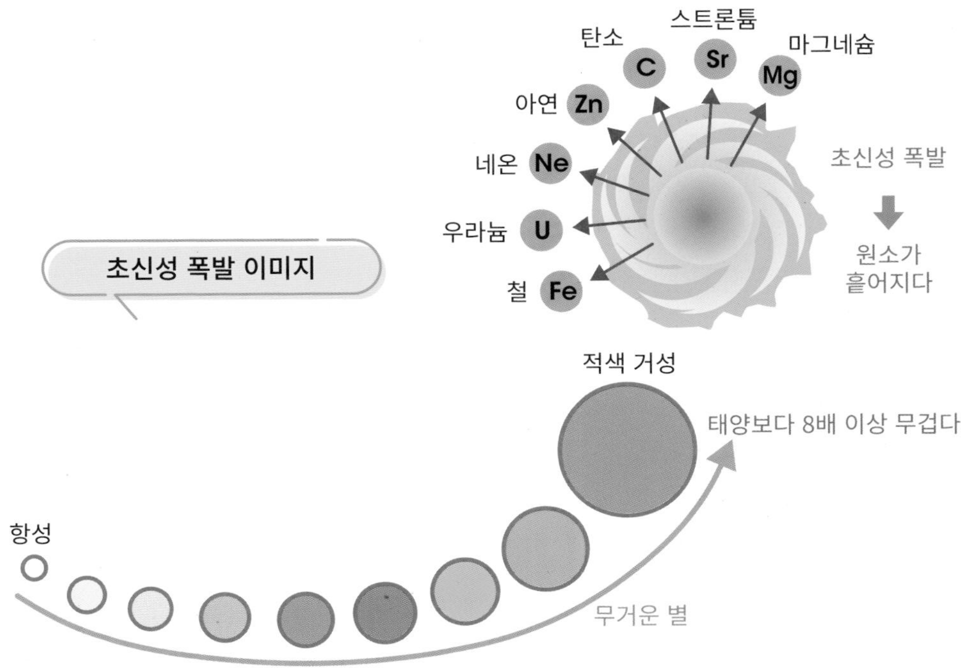

주변에 있는 것은 어떤 원소로 이뤄져 있을까? ❶

몸에서 우주까지 모두 원소로 이뤄져 있다

우리 몸의 99%는 불과 6종류의 원소로 이뤄져 있습니다. 이 6종류가 뭉쳐 생기는 물질은 몇천 종류나 됩니다. 이 책에서는, 특히 몸에 없어서는 안 되는 것으로 여겨지는 원소인 '인체 필수 원소'를 소개합니다.

한편, 지구의 기체는 대부분 단일 원소로 이뤄져 있습니다. 대기의 약 99%는 질소와 산소가 차지하고 있습니다. 지구 성분의 90%는 철과 산소, 규소, 마그네슘, 단 4종류의 원소뿐입니다. 또한, 원소는 우리 일상생활에서도 자주 눈에 띄고, 무언가를 만드는 데도 원소가 사용되고 있습니다.

원소의 존재 비율

인체

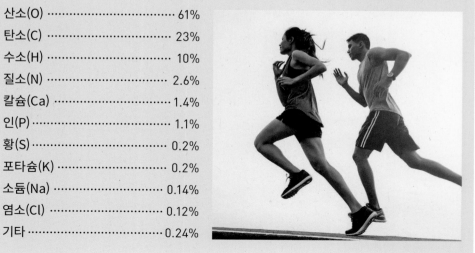

- 산소(O) ······ 61%
- 탄소(C) ······ 23%
- 수소(H) ······ 10%
- 질소(N) ······ 2.6%
- 칼슘(Ca) ······ 1.4%
- 인(P) ······ 1.1%
- 황(S) ······ 0.2%
- 포타슘(K) ······ 0.2%
- 소듐(Na) ······ 0.14%
- 염소(Cl) ······ 0.12%
- 기타 ······ 0.24%

지구의 대기

- 질소(N) ········· 78%
- 산소(O) ········· 21%
- 아르곤(Ar) ········· 0.9%
- 기타 ········· 0.1%

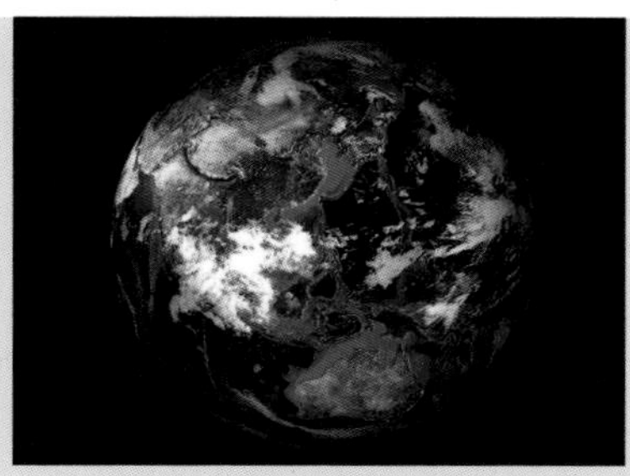

지구 전체

- 철(Fe) ········· 32.1%
- 산소(O) ········· 30.1%
- 규소(Si) ········· 15.1%
- 마그네슘(Mg) ········· 13.9%
- 황(S) ········· 2.9%
- 니켈(Ni) ········· 1.8%
- 칼슘(Ca) ········· 1.5%
- 알루미늄(Al) ········· 1.4%
- 기타 ········· 1.2%

지구의 지각

- 산소(O) ········· 49.5%
- 규소(Si) ········· 25.8%
- 알루미늄(Al) ········· 7.56%
- 철(Fe) ········· 4.70%
- 칼슘(Ca) ········· 3.39%
- 소듐(Na) ········· 2.63%
- 포타슘(K) ········· 2.40%
- 마그네슘(Mg) ········· 1.93%
- 수소(H) ········· 0.87%
- 타이타늄(Ti) ········· 0.46%
- 탄소(C) ········· 0.08%
- 인(P) ········· 0.08%
- 기타 ········· 0.60%

우주

- 수소(H) ········· 71%
- 헬륨(He) ········· 27%

주변에 있는 것은 어떤 원소로 이뤄져 있을까? ❷

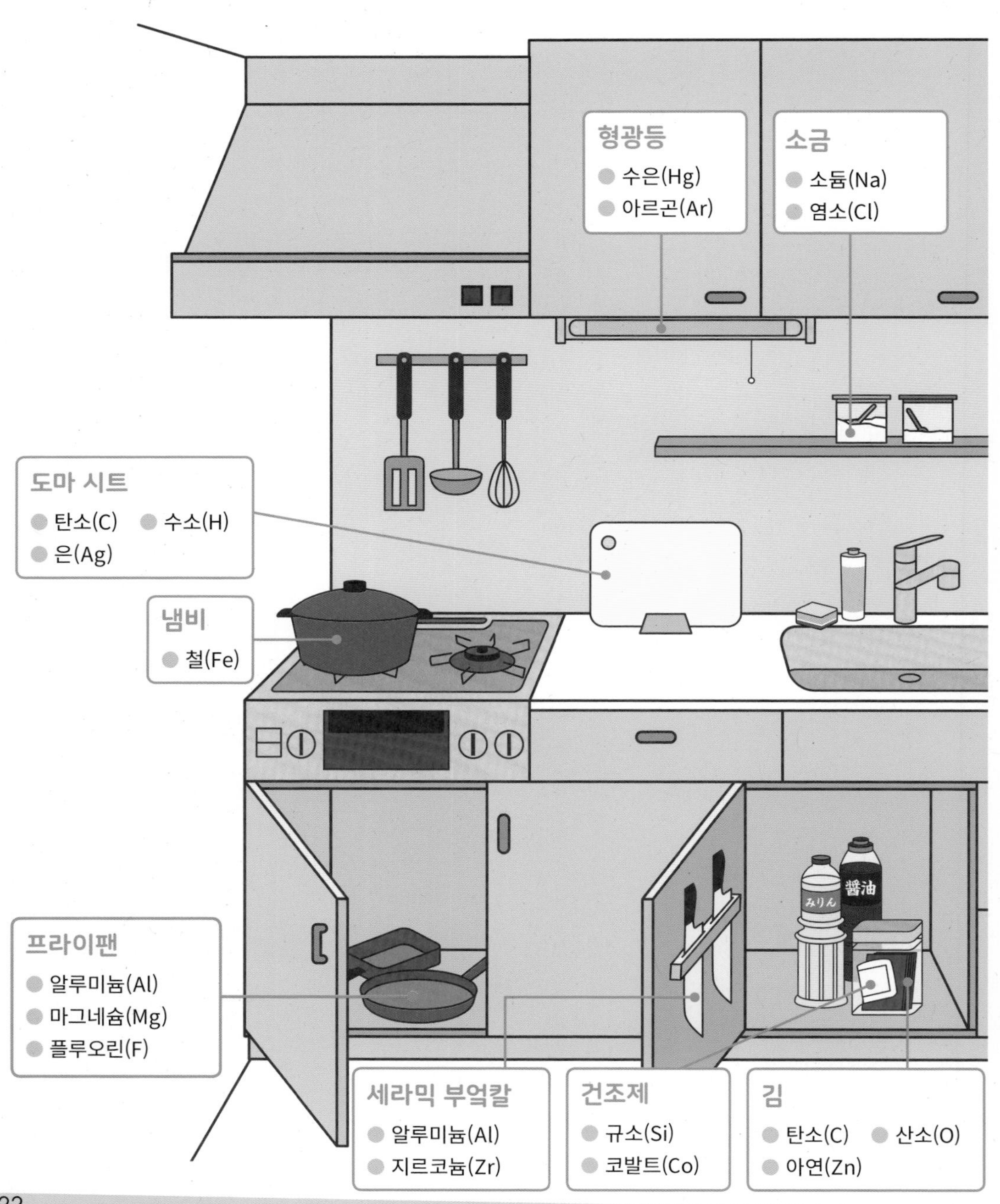

주방의 경우

우리의 삶은 원소와 떼려야 뗄 수 없는 관계인데도 일상생활 속에서 그것을 의식하는 경우는 거의 없습니다. 일례로 주방만 보더라도 다양한 성질의 원소가 여러 곳에서 사용되고 있다는 것을 알 수 있습니다.

원소주기표

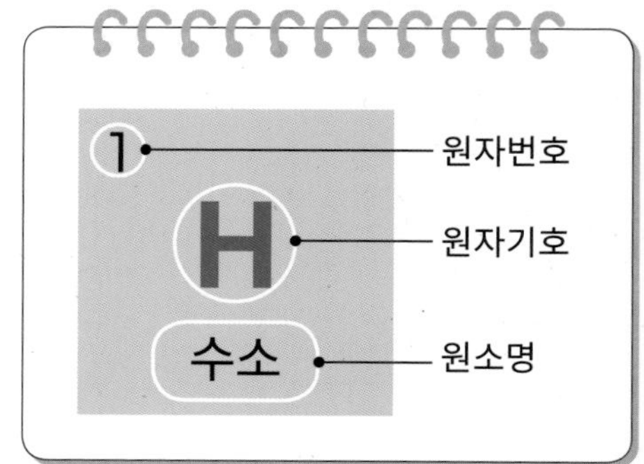

주기 \ 족	1	2	3	4	5	6	7	8	9
1	1 H 수소								
2	3 Li 리튬	4 Be 베릴륨							
3	11 Na 소듐	12 Mg 마그네슘							
4	19 K 포타슘	20 Ca 칼슘	21 Sc 스칸듐	22 Ti 타이타늄	23 V 바나듐	24 Cr 크로뮴	25 Mn 망가니즈	26 Fe 철	27 Co 코발트
5	37 Rb 루비듐	38 Sr 스트론튬	39 Y 이트륨	40 Zr 지르코늄	41 Nb 나이오븀	42 Mo 몰리브데넘	43 Tc 테크네튬	44 Ru 루테늄	45 Rh 로듐
6	55 Cs 세슘	56 Ba 바륨	57 ~ 71	72 Hf 하프늄	73 Ta 탄탈럼	74 W 텅스텐	75 Re 레늄	76 Os 오스뮴	77 Ir 이리듐
7	87 Fr 프랑슘	88 Ra 라듐	89 ~ 103	104 Rf 러더포늄	105 Db 더브늄	106 Sg 시보귬	107 Bh 보륨	108 Hs 하슘	109 Mt 마이트너륨
			란타넘족	57 La 란타넘	58 Ce 세륨	59 Pr 프라세오디뮴	60 Nd 네오디뮴	61 Pm 프로메튬	62 Sm 사마륨
			악티늄족	89 Ac 악티늄	90 Th 토륨	91 Pa 프로트악티늄	92 U 우라늄	93 Np 넵투늄	94 Pu 플루토늄

주요 특성 구분

□ … 성질을 아직 정확히 모름

금속 원소
- … 알칼리 금속
- … 알칼리 토금속
- … 전이후 금속
- … 전이 금속
- … 란타넘족 (내부전이 금속)
- … 악티늄족 (내부전이 금속)

준금속
- … 준금속

비금속 원소
- … 다원자 분자 비금속
- … 이원자 분자 비금속
- … 비활성 기체(단원자 분자)

10	11	12	13	14	15	16	17	18	족 / 주기
								2 He 헬륨	1
			5 B 붕소	6 C 탄소	7 N 질소	8 O 산소	9 F 플루오린	10 Ne 네온	2
			13 Al 알루미늄	14 Si 규소	15 P 인	16 S 황	17 Cl 염소	18 Ar 아르곤	3
28 Ni 니켈	29 Cu 구리	30 Zn 아연	31 Ga 갈륨	32 Ge 저마늄	33 As 비소	34 Se 셀레늄	35 Br 브로민	36 Kr 크립톤	4
46 Pd 팔라듐	47 Ag 은	48 Cd 카드뮴	49 In 인듐	50 Sn 주석	51 Sb 안티모니	52 Te 텔루륨	53 I 아이오딘	54 Xe 제논	5
78 Pt 백금	79 Au 금	80 Hg 수은	81 Tl 탈륨	82 Pb 납	83 Bi 비스무트	84 Po 폴로늄	85 At 아스타틴	86 Rn 라돈	6
110 Ds 다름슈타튬	111 Rg 뢴트게늄	112 Cn 코페르니슘	113 Nh 니호늄	114 Fl 플레로븀	115 Mc 모스코븀	116 Lv 리버모륨	117 Ts 테네신	118 Og 오가네손	7

63 Eu 유로퓸	64 Gd 가돌리늄	65 Tb 터븀	66 Dy 디스프로슘	67 Ho 홀뮴	68 Er 어븀	69 Tm 툴륨	70 Yb 이터븀	71 Lu 루테튬
95 Am 아메리슘	96 Cm 퀴륨	97 Bk 버클륨	98 Cf 캘리포늄	99 Es 아인슈타이늄	100 Fm 페르뮴	101 Md 멘델레븀	102 No 노벨륨	103 Lr 로렌슘

• 원소기호 색은 1기압 실온에서의 상태를 표시합니다.
검은색 원소 기호: 고체 상태, 초록색 원소 기호: 액체 상태, 파란색 원소 기호: 기체 상태

원소 주기율표 해설

원소 주기율표 보는 방법

원소의 성질이 주기적으로 변하는 것을 '원소의 주기율'이라고 합니다. 주기율을 이용해, 원자를 원자번호 순으로 차례대로 늘여 놓고, 성질이 유사한 원소를 세로로 나란히 줄지어 배열한 표를 '원소 주기율표'라고 합니다. 최초의 주기율표는 1869년 멘델레예프에 의해 발표됐습니다. 주기율표의 가로줄을 주기라고 하고, 세로줄을 족이라고 합니다. 현재 주기율표는 위에서 아래로 7개의 주기, 제1 ~ 제7주기가 있으며, 왼쪽에서 오른쪽으로 18개의 족, 1족 ~ 18족이 있습니다. 제6 및 제7주기의 란타넘족 및 악티늄족라고 불리는 성질이 비슷한 원소군은 통상 제7주기 아래의 별도 난에 배치돼 있습니다. 같은 주기에 속하는 원소들은 원자가 전자가 들어 있는 전자 껍질 수가 같으며, 이 전자 껍질을 제1주기부터 차례로 K, L, M… 이라 합니다. 같은 족에 속하는 원소군을 동족 원소라고 합니다. 이 동족 원소를 알칼리 금속(수소 이외의 1족 원소), 알칼리 토금속(2족 원소), 할로젠(17족 원소), 비활성 기체(18족 원소)라고 부르기도 합니다.

원소 성질이 전형적인 주기율을 나타내는 1, 2 및 13 ~ 18족 원소를 전형 원소, 그 사이에 있는 3 ~ 12족 원소를 전이 원소라고 합니다. 이 분류와는 별도로, 원소는 24 ~ 25쪽 그림처럼 금속 원소와 비금속 원소로 나뉩니다. 원소의 약 80%는 금속 원소이며, 전형 원소의 약 50%, 전이 원소는 모든 것이 금속 원소입니다.

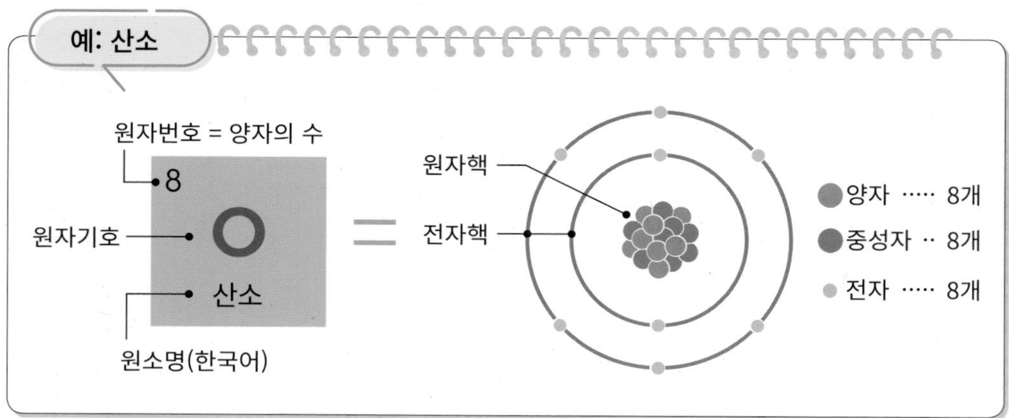

원자번호

원소에는 1부터 원자번호가 붙어 있습니다. 이 원자번호는 양자의 수로 결정됩니다. 이를테면, 원자번호가 1인 수소는 양자의 수가 1개, 원자 번호 8인 산소는 양자의 수가 8개가 됩니다.

족

세로줄을 '족'이라고 하며, 1족부터 18족까지 있습니다. 18족 원소를 제외한 같은 족 원소의 원자가 전자 수는 족 번호의 끝자리 수와 같으며, 유사한 성질을 갖고 있습니다.

주기

원소 주기율표에는 가로줄을 주기라고 하며, 현재는 제1부터 제7주기까지 존재합니다. 또한 같은 주기의 원소들은 전자 껍질의 수가 같습니다.

주기율표를 만든, 러시아 화학자 드미트리 멘델레예프(1834~1907)

알칼리 금속

수소를 제외한, 1족 원소는 화학 반응을 잘하는, 반응성이 풍부하고 가벼운 알칼리 금속입니다.

알칼리 토금속

2족은 알칼리 금속보다 조금 더 낮은 반응성을 갖고 있습니다.

전이 금속

3족부터 12족까지는 전이 금속으로 불리는 원소입니다. 옆에 서로 이웃하는 원소끼리의 성질이 비슷합니다. 경도나 녹는점이 높고, 전기 전도성이나 열 전도성, 연전성, 자성을 가진 것이 많습니다.

전이후 금속 등

이외 금속 성질에 가까운 '전이후 금속'과 '비금속'의 중간 성질을 지닌 '준금속 원소'가 있습니다.

할로젠

17족은 전기적으로 음성인 원소로, 소듐(나트륨)이나 포타슘(칼륨)과 뭉쳐 '소금'을 만든다는 점에서 '할로젠'이라고 명명됐습니다.

비활성 기체

18족은 무미 무취 기체로, 다른 원소와는 잘 반응하지 않는 성질을 갖고 있습니다. 자연계에서는 존재량이 적어 희가스로 불립니다.

란타넘족

란타넘을 필두로 하는 내부 전이 금속이며, 가장 바깥의 전자 배치나 화학적 성질이 비슷합니다. 모두 Rare Earth(희토류 원소)입니다.

악티늄족

악티늄을 필두로 하는 내부 전이 금속이며, 가장 바깥의 전자 배치, 화학적 성질이 비슷합니다. 모두 방사성 원소입니다.

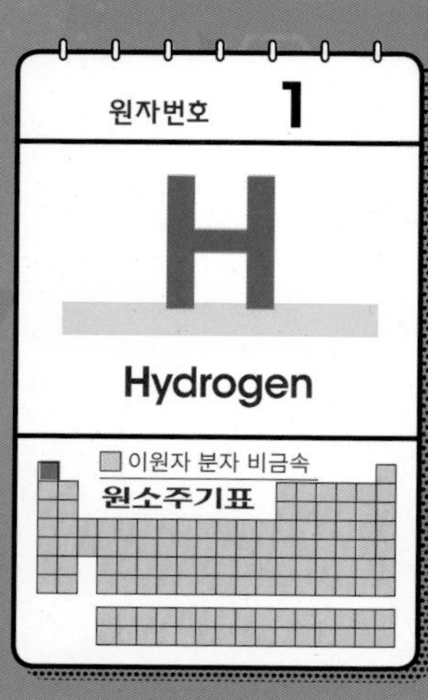

수소

색깔도 냄새도 없다. 공기보다 14배 가볍다. 폭발하기 쉽다.

주요 물질	우주, 물, 지각, DNA 등		
원 자 량	1.008	밀 도	0.08988g/L
녹 는 점	−259.16°C	끓 는 점	−252.88°C
발견 연도	1766년		
발 견 자	헨리 캐번디시(영국)		

◀ 우주왕복선 발사에서 로켓 엔진 추진제로 사용됐습니다. 액체 수소는 상당히 가벼운 액체로, 연료가 됩니다.

이용 방법

- 로켓 연료
- 암모니아 합성
- 발전기의 냉각재
- 니켈수소전지 등

우주에서 최초로 탄생한 원소

수소는 지구상에서 가장 가볍고, 무색무취한 기체입니다. 우주에 가장 많이 존재하는 기본 원소로, 지구상에서는 물이나 탄화수소 등의 화합물 상태로 존재합니다. 1766년 헨리 캐번디시가 처음으로 확인하고, 공기 중에서 태우면 물이 생성된다는 것을 실험했습니다. 식품 가공부터 금속 가공, 우주로켓 발사까지 셀 수 없을 정도로 많은 사용법이 있습니다. 석유를 정제해서 만드는 휘발유 외에도 물감, 플라스틱을 만들 때 사용되는 화합물에도 필수적인 재료입니다. 식품 가공에서는 수소화에 의해 기름과 화합시켜 마가린이나 쇼트닝, 고형지를 만듭니다.

수소에서 에너지를

인공위성 등의 발사에 이용되고 있는 H-IIA 로켓은 액체 수소(H_2)를 연료로, 액체 산소와 혼합, 연소시켜 추진력을 얻고 있습니다. 발사 때 피어오르는 대량의 흰 연기는, 이 연료에 의해 생긴 물방울(H_2O)입니다. 이 로켓의 머리글자 H는 수소를 뜻하는 Hydrogen에서 유래합니다.

Photo by STRONGlk7

◀ LE-7A 엔진. H-IIA 로켓의 제1단 엔진으로, 추진제로 액체 수소와 액체 산소를 사용한, 국산 대형 액체 연료 엔진입니다.

항성의 연료로

태양은 1초에 6억 톤의 수소를 사용해 5억 9,600만 톤의 헬륨을 지속적으로 만들고 있습니다. 수소와 헬륨의 무게 차인 초당 400만 톤은 에너지가 되고, 태양에서 지구에 닿는 빛과 열의 에너지로 우리는 살아가고 있습니다.

◀ 항성의 주성분은 가스입니다. 태양은 수소 덩어리로, 중심부에서 헬륨 원자로 변하는 핵융합 반응이 일어나고, 그 에너지로 빛이 납니다.

수소 화합물 '물'

원소 칼럼

기체 수소는 지구상에서는 대기 상층부에 홑원소 물질로 존재하고, 화합물로서는 물을 비롯해 자연계에 넓게 분포합니다. 산소와 결합한 '수소=물'의 물 분자는 산소 원자 1개와 수소 원자 2개로 이뤄져 있습니다. 수소는 우리의 생명 활동에 없어서는 안 되는 물을 구성하는 원소입니다. 모든 사람은 날마다 물을 매개로 서로 접촉하는 친밀한 존재입니다. 우리 몸 속에도 많은 물이 포함돼 있습니다.

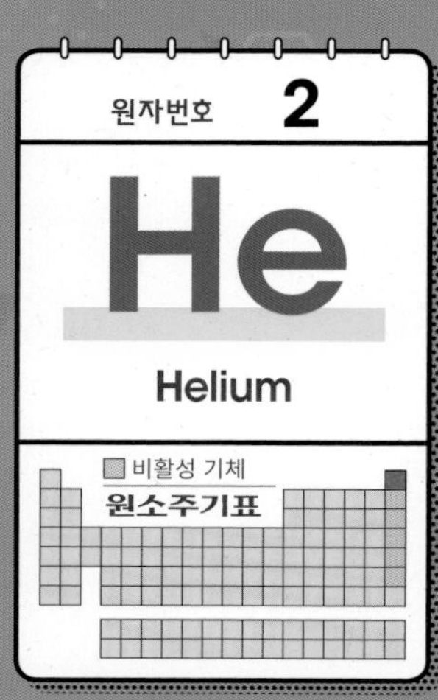

헬륨

상온 상태 **기체**

무색이며, 공기보다 가벼운 기체.
우주에서 두 번째로 많은 물질이다.

주요 물질 우주, 공기, 태양 등

원 자 량 4.002 **밀 도** 0.1786g/L(STP 조건)

녹 는 점 −272.20°C(2.5Mpa) **끓는점** −268.928°C

발견 연도 1868년

발 견 자 에드워드 프랭크랜드, 조셉 노먼 로키어(영국)

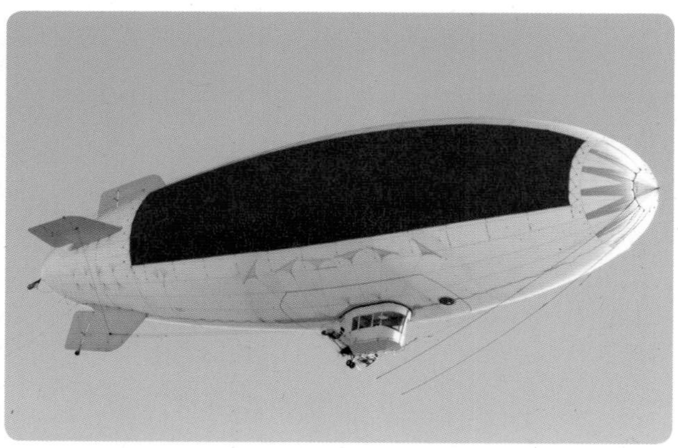

▲ 수소와 달리 불이 붙지 않기 때문에, 비행선이나 풍선을 띄우는 가스로 사용됩니다.

◀ 스쿠버다이빙 등에서 사용하는 산소통에는 산소와 헬륨을 섞은 것이 담겨 있습니다.

이용 방법

- 풍선
- 비행선의 부력
- 냉각 소재 등

끓는 온도가 가장 낮은 원소

헬륨은 수소 다음으로 가볍고, 원자핵도 안정적이어서 우주에 대량으로 존재하고 있습니다. 태양 등의 항성은 중수소와 삼중수소의 핵융합을 에너지원으로 하고, 그에 따라 헬륨이 만들어지고 있습니다. 수소와 달리 다른 물질과 반응하지 않고, 불활성인 것이 특징입니다. 불에 타지도 않고 안전성이 높아 풍선의 부력 가스로 이용되고 있습니다. 또한, 심해 잠수용의 인공 공기 등에도 사용되고 있습니다. 인공 공기를 들이마시면 목소리가 이상하게 변하는 파티 상품이 있는데, 이것은 헬륨이 공기 속에서 질소에 비해 소리 속도가 빨라 소리 주파수가 고음이 되기 때문입니다.

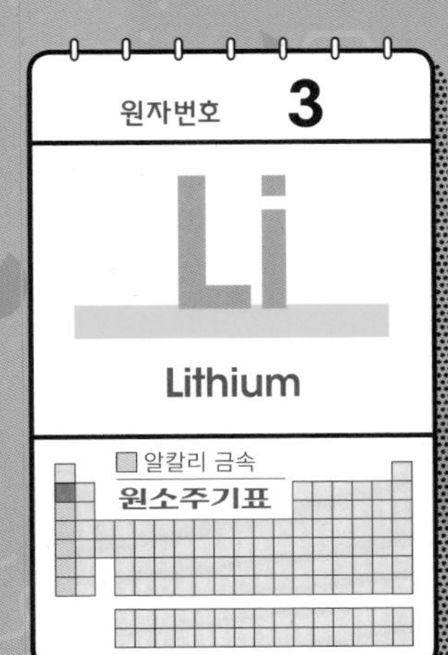

상온 상태 고체

리튬

은백색을 띠는 가장 가벼운 금속

주요 물질	암염이나 소금 호수 등		
원 자 량	6.941	밀 도	0.534g/cm^3
녹 는 점	180.50°C	끓 는 점	1,330°C
발견 연도	1817년		
발 견 자	요한 아르프베드손(스웨덴)		

▲ 리튬은 알칼리 전지와 같은 일차 전지에도 이용할 수 있고, 충천이 가능해 모바일 기기 배터리에도 사용됩니다.

이용 방법

- 경량 금속
- 우울증 치료약
- 리튬 전지
- 리튬 이온 전지
- 우주선 내부의 공기 정화
- 유리의 융점 강화제 등

가장 가벼운 알칼리 금속 원소

리튬은 1817년 스웨덴의 아르프베드손에 의해, 페탈석에서 발견되었습니다. 은백색의 부드러운 리튬은 가장 가벼운 알칼리 금속 원소인 동시에 모든 금속 가운데 가장 가벼운 원소입니다. 리튬은 홑원소 물질로 아주 부드러워서 가위로도 자를 수 있습니다. 또한, 밀도도 물의 절반 정도밖에 되지 않아 물에도 잘 뜹니다. 전기자동차 전지나 휴대전화 배터리 등에 이용되며, 이 원소를 활용한 리튬 이온 전지는 광범위하게 사용되고 있습니다. 주요 매장국은 칠레, 아르헨티나, 중국, 호주입니다.

원자번호	4

Be

Beryllium

알칼리토 금속

원소주기표

상온 상태 **고체**

베릴륨

모든 고체 가운데 가장 가볍다. 딱딱하고 강하다. 독성이 강하다.

주요 물질 녹주석 등의 광물

원 자 량 9.0121831 **밀 도** 1.85g/cm^3

녹 는 점 1,287°C **끓 는 점** 2,469°C

발견 연도 1798년

발 견 자 루이 니콜라 보클랭(프랑스)

▲ 녹주석(베릴)은 에메랄드나 아쿠아마린으로 알려진 보석 원료입니다. 사진은 순수한 베릴륨 조각입니다.

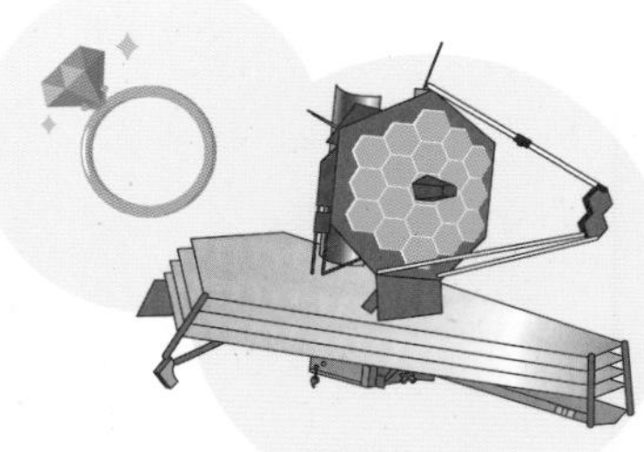

이용 방법

- 스프링
- 우주 망원경의 반사경
- 스피커의 진동판 등

에메랄드 성분 및 우주 망원경에도

베릴륨은 1798년, 프랑스 화학자 보클랭에 의해 녹주석 안에서 발견됐습니다. 녹주석은 에메랄드나 아쿠아마린으로 알려진 보석 원료입니다. 이름은 녹주석의 그리스어인 베릴에서 유래했습니다. 베릴륨은 홑원소 물질로 은백색의 경금속입니다. 아주 단단하고 강도도 높습니다. 고온에서 균등하게 퍼지는 성질이 있고, 부식도 잘되지 않는 금속입니다. 합금 재료나 원자로 감속재 등에 이용되고 있습니다. 베릴륨 및 베릴륨 화합물은 독성이 있어 몸에 흡수되면 암과 폐 기능 저하의 원인이 될 수 있습니다.

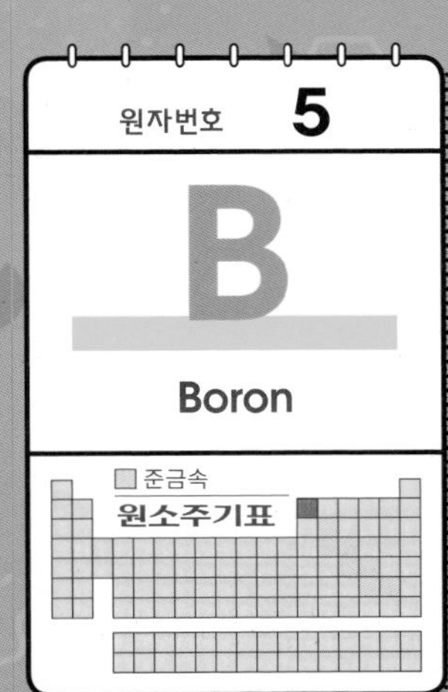

원자번호 5
B
Boron
준금속
원소주기표

붕소

상온 상태 고체

순수한 붕소는 다이아몬드 다음으로 딱딱하다.

주요 물질 붕사, 붕산, 다톨라이트 등

원 자 량 10.811 **밀 도** 2.08g/cm^3

녹 는 점 2,076°C **끓 는 점** 3,927°C

발견 연도 1808년

발 견 자 루이 자크 테나르(프랑스)

▲ 내열 유리는 유리에 산화붕소를 첨가해 팽창이나 수축을 억제한 것입니다. 급격한 온도 변화를 견딜 수 있습니다.

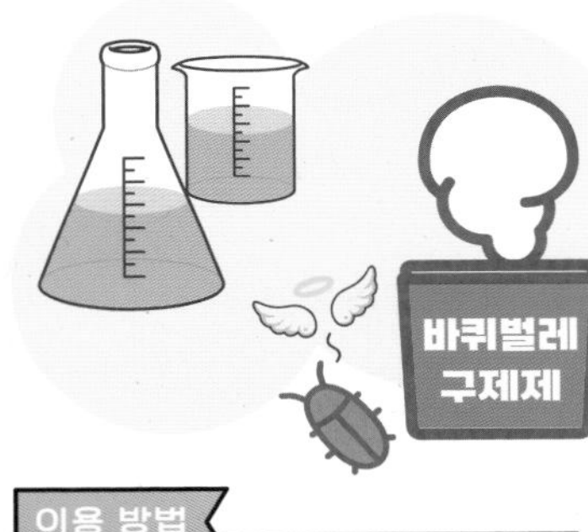

이용 방법

- 비커나 플라스크의 유리
- 세제
- 안약
- 바퀴벌레 퇴치제 등

생활에 도움이 되는 붕소

붕소는 검은빛이 도는 금속광택을 갖고 있으며, 가볍고 딱딱하며 잘 녹지 않는 준금속입니다. 우주 관련 산업에서는 로켓 엔진 노즐에 사용되고 있습니다. 원소명은 영어 '붕사(borax)'에서 유래했습니다. 붕산을 녹인 물은 붕산수라고 불리는데, 살균력이 있습니다. 안약이나 습포, 살균제나 비누에 혼합돼 이용되고 있습니다. 유리섬유 원료로 사용할 경우 '붕산'으로, 내열 유리 원료로 사용할 경우 '붕사'로, 파인세라믹스 재료나 절삭 공구 날 끝 등으로 사용할 경우 질화붕소 형태로 이용됩니다.

탄소

상온 상태 **고체**

색깔도 냄새도 없다. 공기보다 14배 가볍다. 폭발하기 쉽다.

주요 물질 인체, 이산화탄소, 석탄, 석유 등

원 자 량 12.01

밀 도 3.512g/cm^3(다이아몬드), 2.267g/cm^3(흑연)

녹 는 점 3,600°C(부근) **끓 는 점** 3,600°C(부근)

발견 연도 불명(고대부터 알려짐) **발 견 자** 불명

◀ 다이아몬드는 탄소만으로 구성되어 있습니다. 1,000°C를 넘는 고온에서는 불에 타 공기 중 산소화 반응해 이산화탄소가 되어 버립니다.

이용 방법

- 연필의 심
- 활성탄
- 연마제
- 탄소 나노튜브
- 풀러렌
- 플라스틱
- 고무
- 합성섬유 등

지구상의 생명에 가장 중요한 원소

탄소는 '생명의 근원'으로 일컬어지며, 생물이나 음식을 만드는 원소입니다. 인간 체중의 약 20%는 탄소의 무게입니다. 탄소는 그 자체로 여러 가지 형태가 될 수 있는 성질을 갖고 있습니다. 연필심부터 다이아몬드까지, 도저히 같은 원소로는 보이지 않습니다. 옛날에는 목탄을 비롯해 석유, 플라스틱, 의류, 약 등 탄소에서 다양한 것이 만들어져 이용됐습니다. 탄소섬유(카본 피버)는 단단하면서도 가벼워 비행기나 인공위성, 자동차, 테니스 라켓 등 다양한 곳에 사용되고 있습니다. 원소명은 '목탄(carbo)'을 뜻하는 라틴어에서 유래했습니다.

화석 연료

현대 사회는 에너지가 없으면 존속할 수 없습니다. 발전소나 공장을 가동하거나 자동차를 달리게 하거나 모두 에너지가 있어야 합니다. 이 같은 에너지 가운데 주된 것이 화석 연료의 연소 에너지입니다. 석탄이나 원유, 천연가스가 화석 연료로 불리며, 태고 생물의 유해가 지열이나 압력에 의해 분해, 탄화해 생긴 것으로 추정되고 있습니다.

▲ 정유소는 매일 24시간 가동되는데, 공업에 없어서는 안 될 연료나 화학물질을 만듭니다.

연필과 붓의 먹

연필심에 사용되는 부드럽고 검은 물질이 '흑연(그래파이트)'입니다. 흑연은 납(Pb)이 아닙니다. 또한, 습자에 사용하는 먹은 기름 등을 태울 때 나오는 그을음을 모아 만듭니다. 두 필기구 모두 검은색은 탄소와 연관이 있습니다.

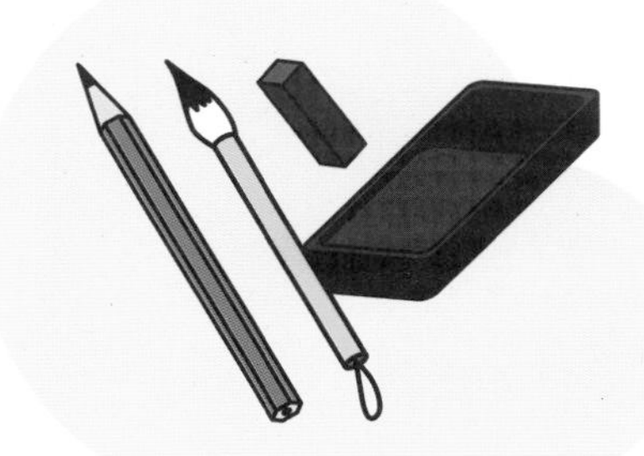

탄소 화합물은 2,000만 종 이상

탄소는 다양한 골격을 만들 수 있습니다. 탄소 화합물은 무려 2,000만 종 이상이나 되며, 유기화합물의 세계를 형성하고 있습니다. 이런 다양성이 '생명의 근원'이라고 일컬어지는 이유입니다. 탄수화물이나 지방질, 단백질 등 인체 대부분의 조직뿐 아니라 생물에 필요한 화합물은 모두 탄소 화합물입니다. 생물의 조직이나 DNA 등은 탄소가 없으면 생성될 수 없습니다. 탄소 유기화합물이 생물의 몸을 만들고, 생활 에너지원이 되고 있습니다.

Photo by perago89

▲ 음식에 포함된 탄수화물

원자번호 7

N

Nitrogen

이원자 분자 비금속

원소주기표

질소

상온 상태 기체

빛깔도 냄새도 맛도 없다.

주요 물질 공기, 지각, 단백질 등

원자량 14.0067 밀도 1.251g/L

녹는점 −210°C 끓는점 −195.79°C

발견 연도 1772년

발견자 대니얼 러더퍼드(영국)

7 N

제1주기 제2주기 제3주기 제4주기 제5주기 제6주기 제7주기

▲ 냉각하면 약 마이너스 196°C로 액화, 액체 질소가 됩니다. 액체 질소는 냉각재로 이용됩니다.

이용 방법

- 액체 질소(냉각제)
- 질소비료
- 의약품
- 폭약
- 질소 가스의 충전(과자 산화 방지) 등

지구 대기의 대부분을 차지하는 기체

질소는 지구 대기의 78% 가까이를 차지하는 기체입니다. 그 때문에 대기는 산소 농도가 일정하게 유지돼 생명이 번성할 수 있었습니다. 인, 포타슘과 함께 식물의 3대 비료 중 하나입니다. 또한, 인체를 구성하는 단백질의 근원인 아미노산이나 DNA를 구성하고 있습니다. 한편, 대부분의 폭약에 포함돼 있는 것은 질소산화물입니다. 산소와 화합하면 대기오염의 원인이 되는, 녹스(Nox)로 불리는 질소산화물이 만들어집니다. 원소 이름은 질소가 포함된 초석을 뜻하는 라틴어 '나이터(nitre)'에서 유래했습니다. 그리고 '질소(窒素)'라는 이름도 '질식시키는 성질'이라는 뜻에서 붙여진 이름입니다.

모든 생명체에게 필요한 질소를 어떻게 보충할까?

K

콩과(pea family) 식물은 '뿌리혹박테리아'가 뿌리에 붙어 암모니아를 공급받습니다. 그렇지만 다른 식물은 땅속에 녹아 있는 질소를 보충해야 하기에 비료가 중요한 역할을 합니다. 동물은 질소가 함유된 채소나 육류를 섭취함으로써 질소를 손쉽게 보충합니다.

▲ 콩과 식물 뿌리의 뿌리혹

식물에 질소가 부족하면 어떤 일이 일어나나요?

K

질소가 부족하면 식물의 성장이 둔화되거나 쇠약해지며, 더 나아가 살아있기 어려워질 수도 있습니다. 잎의 빛깔이 나빠지며 누렇게 되어 떨어지고 줄기가 자라지 않으며 꽃 수도 적게 피고 꽃빛이나 모양도 나빠지는 식물의 성장 장애를 일으킵니다.

▲ 질소 부족으로 인한 딸기의 초기 증상

잘못 판단했지만 발견자로 알려진 …

원소 칼럼

대니얼 러더퍼드는 1772년에 밀폐된 용기 속에서 양초와 인을 태워 이산화탄소를 제거하고도 유독성 기체가 남아 있는 공간 속에 넣은 쥐가 질식해서 죽은 것을 발견하고, 'noxious air'라고 이름을 명명하고 질소를 처음 발견하였습니다. 나중에 알려진 사실은 러더퍼드가 목격한 장면은 연소로 인해 산소가 모두 소모되어 나온 것이었고, 기체에 관한 연구가 부족했던 그 당시에는 이를 생명체를 '질식'시키는 기체라고 잘못 판단했던 것입니다.

K

원자번호 8

O

Oxygen

이원자 분자 비금속

원소주기표

산소

상온 상태 기체

색도 냄새도 없다. 지각에서 가장 많은 원소이다.

주요 물질 공기, 물, 지각 등

원 자 량 15.999 밀 도 1.4291g/L

녹 는 점 -218.79℃ 끓 는 점 -182.95℃

발견 연도 1774년

발 견 자 조지프 프리스틀리(영국)

8 O

제1주기 제2주기 제3주기 제4주기 제5주기 제6주기 제7주기

◀대기 중의 산소는 식물의 광합성에 의해 생성되고, 그 양은 연간 약 2,600억 톤이다.

이용 방법

- 생물의 호흡
- 로켓 연료
- 의료용 산소통
- 연료의 연소
- 핫팩
- 수도나 기계의 살균 등

지구상에서 가장 많이 존재하는 원소

산소는 공기 부피의 약 21%를 차지합니다. 지구에 번성한 식물의 광합성에 의해 생성돼 대기에 배출됩니다. 또한, 화합물로 바다나 하천 등의 물(H_2O)이나 암석 안에도 존재하고 있습니다. 산소는 생물의 호흡에 없어서는 안 되고, 동식물 생존에도 필수적인 원소입니다. 태양의 자외선을 누그러뜨리는 오존층도 만들고 있습니다. 반응성도 높습니다. 다양한 물질과 결합, 화학 반응을 일으켜 성질이 전혀 다른 물질로 변하게 합니다. 나무나 휘발유는 '연소'하게 하고, 철 등의 금속은 '산화'로 녹이 슬게 하거나 물건을 썩게 하기도 합니다.

태우는 데 필수 불가결한 원소

물질이 타는 '연소'도 공기 중의 산소와 물질의 산화 반응으로 빛이나 열을 발생시키는 현상이라고 할 수 있습니다. 지각에는 많은 산소가 갇혀 있습니다. 생활이나 공업 등에 없어서는 안 될 불(에너지)이 원소가 아니라, 실은 단순한 산화 반응에 지나지 않는다는 게 좀 의외입니다.

▲ 제철소의 상징인 용광로. 강철을 만들 때 산소를 주입하고, 불순물인 탄소 등을 태워 함유율을 적게 합니다.

자외선을 흡수하는 오존층

광합성에 의해 대기로 방출된 산소는 성층권까지 도달하면 '오존층'을 형성합니다. 오존 분자는 3개의 산소 원자로 이뤄져 있습니다. 오존층은 태양의 유해 자외선을 흡수, 지상의 생물을 자외선 피해로부터 지켜 주고 있습니다.

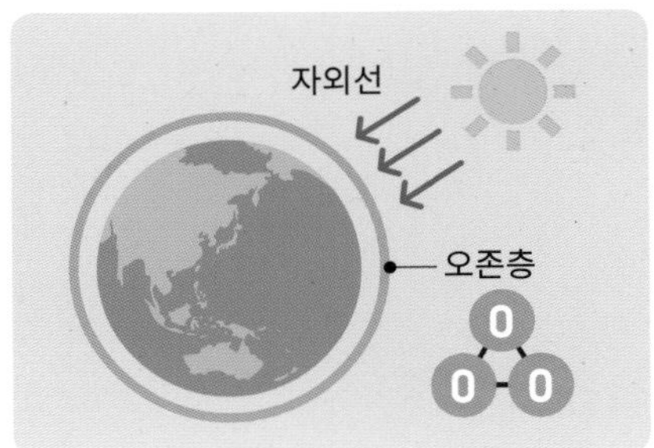

산소의 발견자는 두 사람의 연구자?

셸레(스웨덴)는 1771년 산소를 꼼꼼하게 조사한 뒤 연구 성과를 책으로 정리했습니다. 하지만 출판사의 출판 지연으로 6년 뒤인 1777년에 책이 발행됐습니다. 그 사이 1774년 조지프 프리스틀리(영국)가 셸레보다 앞서, 산소 연구에 대해 발표했기 때문에, 산소 발견자는 프리스틀리로 돼 있습니다. 산소의 이름은 그리스어 oxys(산)와 gennan(낳다)에서 유래했습니다. '산소가 산을 낳다'는 오해에서 비롯된 이름입니다.

원자번호	9
F	Fluorine

이원자 분자 비금속
원소주기표

플루오린(불소)

상온 상태 기체

담황색의 기체, 특유의 냄새, 높은 반응성, 맹독

주요 물질	지각, 형석(플로라이트), 빙정석 등		
원 자 량	18.9984	밀 도	1.696g/L
녹 는 점	−219.67°C	끓 는 점	−188.11°C
발견 연도	1886년		
발 견 자	앙리 무아상(프랑스)		

9 F
제1주기 제2주기 제3주기 제4주기 제5주기 제6주기 제7주기

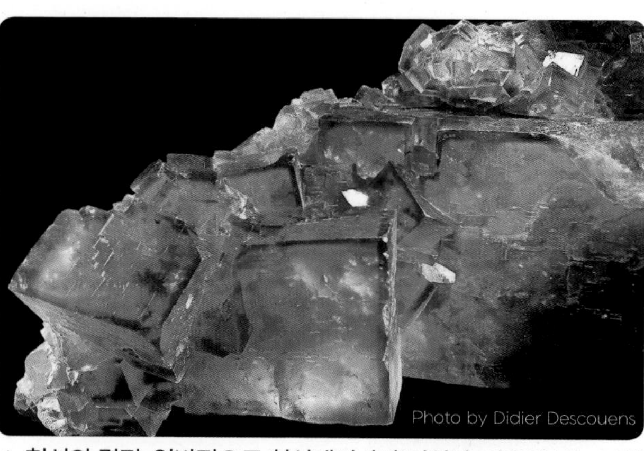

▲ 형석의 결정. 일반적으로 형석에서 추출되지만, 상온에서는 기체 상태로 격렬하게 반응을 일으키기 때문에 분리가 어렵습니다.

이용 방법

- 플루오린 코팅을 한 프라이팬이나 냄비
- 디지털카메라의 광학렌즈
- 치약
- 방수 가공 등

물을 튀기다! (치약이나 수지에 응용)

플루오린은 화학 반응성이 아주 강한 원소입니다. 자연에서는 단독으로 존재하지 않습니다. 플루오린 함유 치약을 사용하면, 당분으로 녹기 시작한 치아 표면을 복구할 수 있는 것으로 알려져 있습니다. 또한, 프라이팬이나 밥솥의 솥 표면은 플루오린 수지로 코팅하면 물질이 잘 들러붙지 않게 하고, 기름이나 물을 튀겨 편리하기도 합니다. 이름은 '형석'(플루오린 광석)을 뜻하는 영어 플로라이트(fluorite)에서 유래했습니다. 홑원소 물질의 플루오린은 맹독이어서 분리하는 게 어렵습니다. 분리를 시도한 화학자 중 중독자나 사망자가 속출하기도 했습니다. 분리에 성공한 앙리 무아상(프랑스)은 노벨 화학상을 수상했습니다.

네온

상온 상태 **기체**

색깔도 냄새도 없다.

주요 물질 공기 중에 극히 미량 포함돼 있다.

원 자 량 20.180 **밀 도** 0.9002g/L

녹 는 점 −248.59°C **끓 는 점** −246.046°C

발견 연도 1898년

발 견 자 윌리엄 램지, 모리스 트래버스(영국)

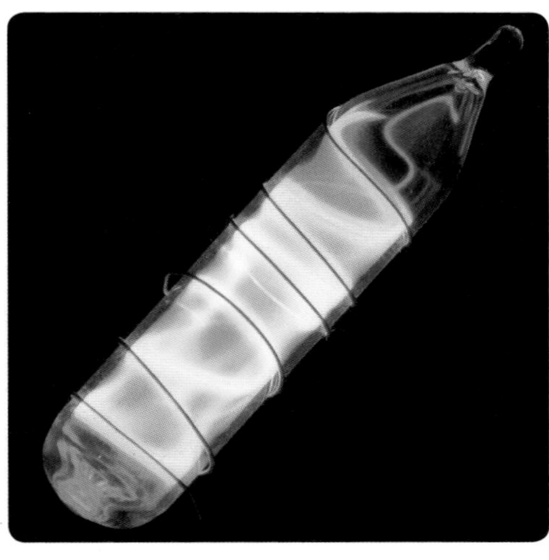

◀ 무색의 기체로 고전압을 가하면 적등색으로 발광합니다. 네온은 다른 원소와 반응을 일으키지 않는 성질을 갖고 있습니다.

이용 방법

- 네온사인
- 네온램프
- 레이저빔 등

밤거리를 채색하는 네온사인

1912년 파리의 몽마르트르에 붉은빛을 발하는 기계가 설치됐습니다. 바로 밤거리를 휘황찬란하게 밝히는 네온사인입니다. 이것은 네온을 가스관에 주입해 방전시키는 원리로 작동합니다. 네온 자체는 무색으로 아주 안정된 기체입니다만, 방전하면 불그스름한 오렌지색으로 빛납니다. 이것에 다른 원소를 섞어 색을 만듭니다. 헬륨은 황색, 수은은 청록색, 크립톤으로 황록색, 알코올은 청자색이 됩니다. 네온은 영국의 화학자 램지와 트래버스에 의해 발견됐습니다. 이름은 '새롭다'를 의미하는 그리스어 '네오스(neos)'에서 유래했습니다.

원자번호	11
Na	Sodium/Natrium

알칼리 금속
원소주기표

소듐(나트륨)

상온 상태 고체

은백색의 금속, 물보다 가볍다. 부드럽다.

주요 물질 지각, 해수, 암염, 소금 호수 등

원 자 량 22.9898 **밀 도** 0.968g/cm^3(고체) 0.927g/cm^3(액체)

녹 는 점 97.794℃

발견 연도 1807년 **끓 는 점** 882.940℃

발 견 자 험프리 데이비(영국)

▲ 소듐 금속. 공기 중의 습기에 반응하기 때문에 석유 안에 보관할 필요가 있습니다.

이용 방법

- 식염 비누
- 터널 램프
- 탄산수소나트륨 (베이킹파우더)
- 목욕 입욕제

식염이나 탄산수소나트륨에 사용

홑원소 물질의 소듐은 반응을 잘하고, 물에 담그면 폭발합니다. 칼로 자를 수 있는 부드러운 알칼리 금속입니다. 소듐 화합물은 생활 주변에 많이 있습니다. 식염이나 감칠맛 조미료, 빨래 표백제, 비누, 입욕제 등. 터널 내 노란색 조명도 소듐 램프입니다. 고대 이집트에서는 건조제로 미라 보존에 없어서는 안 되는 것이었습니다. 소듐 화합물은 인체의 수분에 많이 녹아 있고, 바다에도 많이 녹아 있습니다. '나트륨'은 라틴어 '나트론(natron)'에서 유래했습니다. 독일어로 탄산나트륨을 의미합니다.

마그네슘

상온 상태 **고체**

가볍고 강한 은백색 금속

주요 물질 돌로마이트, 마그네사이트, 해수 등

원 자 량 24.305 **밀 도** 1.741g/cm^3

녹 는 점 650°C **끓 는 점** 1,090°C

발견 연도 1755년

발 견 자 조지프 블랙(스코틀랜드)

▲ 마그네슘 결정 덩어리. 자동차, 항공기, 우주선 소재로 사용됩니다.

이용 방법

- 컴퓨터
- 식품
- 미네랄 워터
- 아몬드 등

경량 화합금 재료부터 간수 성분까지

마그네슘은 알루미늄보다 가벼우면서도 강철과 같은 강도를 지닌 금속입니다. 옛날에는 카메라 플래시에 사용됐습니다. 방어성이 뛰어나 전자파를 차단합니다. 열은 방출하고 가둬 놓지 않습니다. 이런 성질 때문에 노트북, 스마트폰 등의 몸체에 이용되고 있습니다. 식물의 경우 엽록소의 중심이 되는 물질로 광합성을 하기 위해 필요합니다. 원예 비료로 사용되는 '석회고토'는 산화마그네슘(MgO)입니다. 또한, 두부를 만드는 데 필수 불가결한 '간수'의 주성분이기도 합니다. 이름은 광석이 발견된 그리스 지명 '마그네시아(magnesia)'에서 유래했습니다.

원자번호 13

Al

Aluminium

전이후 금속

원소주기표

알루미늄

상온 상태 고체

은백색으로 가볍다. 가장 많은 금속 원소이다.

주요 물질 보크사이트, 커런덤 등

원 자 량 26.9815 **밀 도** 2.70g/cm^3

녹 는 점 660.32℃ **끓 는 점** 2,470℃

발견 연도 1825년

발 견 자 한스 크리스티안 외르스테드(덴마크)

13 Al

제1주기 제2주기 제3주기 제4주기 제5주기 제6주기 제7주기

◀원소 비율은 산소, 규소에 이은 3번째입니다. 가볍고 전기나 열을 잘 통합니다.

이용 방법

- 1원 동전(1966~1983)
- 알루미늄박
- 알루미늄 캔
- 자동차나 전차의 차체 등

과거에는 금이나 은보다 비싼, 하늘을 나는 금속

알루미늄은 1원 동전(1966~1983년 사용)이나 조리 기구, 알루미늄 캔 등 친숙한 존재이지만, 발견된 19세기 당시에는 금속 생성이 아주 어려웠기에 귀중한 금속으로 여겨졌습니다. 나폴레옹 3세는 귀족 관료와의 만찬에서 이들을 감동시키려 금이나 은이 아니라 알루미늄제 식기를 사용했다고 합니다. 1886년 알루미늄 제법(홀-에루법)이 발명된 이후 널리 보급됐습니다. 다만 대량의 전기 에너지가 필요하기에 알루미늄은 '전기 통조림'이라고 불립니다. 이름은 '백반'을 뜻하는 그리스어 '아르멘(alumen)'에서 유래했습니다.

산화하기 때문에 부식이 잘되지 않는다

순수한 알루미늄 금속은 반응성이 높고 녹슬기 쉬운 특징이 있습니다. 통상 산화 알루미늄(알루미나) 등의 화합물로 산출됩니다. 녹슨 것처럼 보이지 않는 이유는 금속 표면에 치밀한 산화 피막이 형성되기 때문에 안쪽이 산화하지 않고 부식이 잘되지 않습니다.

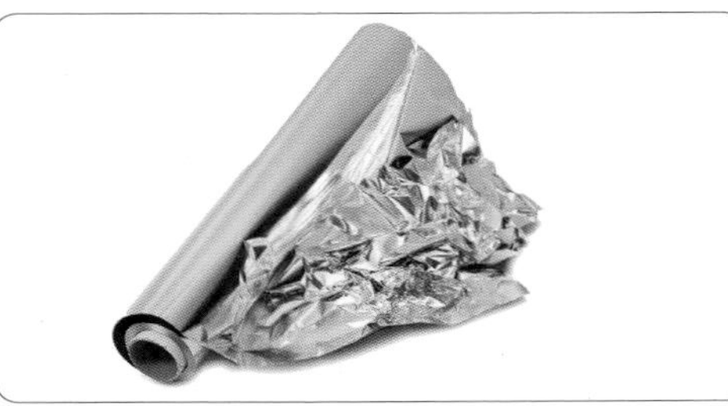

▲ 알루미늄박(알루미늄 호일). 금속은 부드럽고, 전성(두드리면 퍼지는 성질)과 연성(잡아당기면 늘어나는 성질)이 있습니다.

알루미늄의 재활용

알루미늄은 식품 포장이나 병뚜껑, 용기 캔으로 사용되고 있으며, 부식하지 않아 재활용할 수 있습니다. 현재 세계에서 만들어지는 알루미늄의 3분의 1을 넘는 양이 재활용하고 있습니다. 한국에서 소비된 캔은 81%를 재활용하고 있지만, 이 중 다시 캔으로 재활용된 비율은 31%에 그치고 있습니다.

▲ 대부분의 음료 캔은 재활용 알루미늄으로 만들어지고 있습니다.

지각 표층에서 3번째로 많은 원소

원소 칼럼

알루미늄은 지각 표층 부분에서는 산소, 규소에 이어 3번째로 많이 존재합니다. 철보다 2배나 많은 양이 있는 가장 많은 금속 원소입니다. 공업적으로는 주요 광석인 보크사이트에서 알루미나를 추려낸 후 전기분해로 제조됩니다. 동시에 대량의 전기가 필요합니다. 재활용 알루미늄 캔에서 재생할 경우에는 불과 3.7%의 전력만 필요하기 때문에 재생이 추진되고 있습니다.

▲ 보크사이트 광석

원자번호 14

Si

Silicon

준금속

원소주기표

규소

상온 상태 고체

회색의 금속광택이 있는 준금속

주요 물질 석영, 장석 등

원 자 량 28.085　밀 도 2.329g/cm³

녹 는 점 1,414°C　끓는점 3,265°C

발견 연도 1824년

발 견 자 엔스 야코브 베르셀리우스(스웨덴)

◀실리콘 잉곳. 반도체 칩이나 액정 디스플레이, 태양 전지 등 반도체 재료로 사용됩니다.

이용 방법

- 반도체 재료
- 세라믹
- 시멘트, 유리
- 실리콘 수지 등

반도체나 광섬유에 이용

규소는 실리콘으로도 불리며, 지구상에서 산소 다음으로 많은 원소입니다. 지각 중에 약 27%나 존재하며, 딱딱한 성질로 옛날부터 유리 원료로 사용돼 왔습니다. 대표적인 광석은 석영(이산화규소)입니다. 석영은 영어로 쿼츠(quartz)라고 하는데, 정확한 시간을 새기는 쿼츠 시계에도 사용되고 있습니다. 첨단 분야에서는 반도체나 태양 전지, 컴퓨터의 CPU나 메모리 등 디지털 전자기기의 원료로 없어서는 안 되는 원소입니다. 또한, 규소를 함유한 유기규소화합물인 실리콘 수지는 주방이나 의료 현장에서도 이용되고 있습니다. 이름은 부싯돌을 뜻하는 라틴어 'silex'에서 유래했습니다.

현대 사회를 지탱하는 실리콘

반도체를 만드는 경우는 일단 실리콘을 녹여 단결정의 실리콘 잉곳(ingot)을 제조합니다. 그 잉곳을 두께 0.5~1mm 정도로 잘라 원반 모양으로 만들고, 그 표면에 수많은 반도체를 만들어 넣습니다. 그것을 떼어내 다른 부품과 묶은 것이 반도체 집적회로(IC)입니다.

▲ 실리콘은 규석을 원료로 만들어집니다. 순도 98% 정도의 단결정에 이어 고순도 실리콘으로 완성해 갑니다

실리콘 고무 제품도

규소와 관련된 물질에는 부드러운 물질도 있습니다. 규소와 탄소에 의해 만들어지는 유기규소화합물과 연관된 실리콘입니다. 무미 무취하고 여러 형태로 가공할 수 있습니다. 오일이나 화장품, 콘택트렌즈 등 다양한 제품에 이용되고 있습니다.

▲ 고무 상태인 실리콘 고무. 고온에도 견딜 수 있어 과자 틀 등에도 사용되며, 구워낸 것을 깨끗하게 떼어낼 수 있습니다.

규소의 존재는 여기에도

원소 칼럼

규소는 지각 중에 많이 존재하는 원소로, 그 대부분은 석영이나 수정, 운모 등의 이산화규소나 규산염으로 존재하고 있습니다. 사진은 석영의 결정으로 이산화규소(SiO_2)가 결정해 생긴 광물입니다. 그중에서도 결정 외형을 나타내는 것은 수정이라고 불립니다. 또한, 태고의 옛날부터 있었던 '규조'라고 불리는 해조류 화석으로 이뤄진 바위나 흙을 규조토라고 하며, 그것도 이산화규소가 주성분입니다.

Photo by Didier Descouens

14 Si
제1주기 제2주기 제3주기 제4주기 제5주기 제6주기 제7주기

원자번호 15

P

Phosphorus

다원자 분자 비금속

원소주기표

인

상온 상태 고체

다양한 색깔의 동소체가 있는 비금속

주요 물질 인회석, DNA 등

원 자 량 30.97376

밀 도 $1.823g/cm^3$(백린) $2.69g/cm^3$(흑린)

녹 는 점 590.3°C(백린)

발견 연도 1669년

끓 는 점 823°C

발 견 자 헤닝 브란트(독일)

▲ 인을 활용한 가까운 예로는 성냥갑 옆 마찰 면에 적린이 함유돼 있습니다.

이용 방법

- 성냥의 점화제
- 농작물의 비료(인산) 등

생명에 없어서는 안 되는 원소

인은 인체 DNA나 세포에 꼭 필요한 원소입니다. 1669년 독일의 연금술사 헤닝 브란트가 실험 중에 인간의 소변이 증발할 때 발견했습니다. 인에는 탄소처럼 다양한 동소체가 있습니다. 백린, 적린, 자린, 흑린 등 그 빛깔에 따라 이름이 붙여졌습니다. 농업에서는 화합물인 인산이 비료로 사용되는데, 꼭 필요한 3대 영양소 중 하나입니다. 인을 함유한 유기화합물 중에는 독가스가 되는 것도 있는데, 사린도 그에 해당합니다. 인의 영어명 'Phosphorus'는 '빛을 옮기는 것'을 의미하는 그리스어에서 유래했습니다.

황

상온 상태 **고체**

밝은 황색의 결정. 황화합물이 고약한 냄새의 원인

주요 물질 황화합물, 황산염 광석 등

원 자 량 32.059 **밀 도** 2.07g/cm^3

녹 는 점 115.21℃ **끓 는 점** 444.6℃

발견 연도 불명

발 견 자 불명

▲ 화산 근처나 온천 지대에서 유황 결정을 채취할 수 있습니다. 고대부터 불에 타는 물질로 잘 알려져 있습니다.

이용 방법

- 유산
- 화약
- 자동차 타이어
- 장화 고무줄
- 피부병 약 등

양파를 깔 때 눈물이 나오는 것은 이 원소 때문

황은 화산 분화구 부근에서 발견되며, 옛날부터 잘 알려진 친숙한 원소입니다. 온천에 떠다니는 달걀 썩는 듯한 냄새나 양파나 마늘 냄새는 황 또는 황화합물 냄새입니다. 황산이나 석고 원료로, 공업적으로 중요한 원소입니다. 천연고무에 조금 첨가하면 크게 탄력성이 올라가기 때문에 타이어 등에 이용됩니다. 또한, 황은 아미노산으로 건강에도 공헌하고 있습니다. 병으로부터 많은 생명을 구한, 세계 첫 항생물질인 페니실린에도 황이 사용됐습니다. 원소 이름은 '라틴어 sulphur(유황)'에서 유래했습니다.

원자번호 17

Cl

Chlorine

이원자 분자 비금속

원소주기표

염소

상온 상태 기체

독성을 지니고, 자극성 냄새가 있는 황록색의 기체

주요 물질 암염, 해수, 소금 호수 등

원 자 량 35.45 밀 도 3.214g/L

녹 는 점 −100.98℃ 끓 는 점 −34.05℃

발견 연도 1774년

발 견 자 칼 빌헬름 셸레(스웨덴)

17 Cl

제1주기 제2주기 제3주기 제4주기 제5주기 제6주기 제7주기

▲ 염소는 수돗물 소독에도 도움이 됩니다.

이용 방법

- 표백제
- 화장실용 세제
- 수도관 파이프
- 살균제
- 식품용 랩
- 플라스틱 지우개 등

표백·살균제나 염화비닐의 성분이 되는 원소

염소는 살균·표백 작용이 뛰어나 수돗물이나 수영장 소독에 필수적인 원소입니다. 일반적으로 수돗물에서 나는 이상한 냄새와 맛은 소독을 위해 투입하는 염소 때문입니다. 염소화합물인 폴리염화비닐 등뿐 아니라 플라스틱에도 염소가 함유돼 있습니다. 식품용 랩이나 배수관, 지우개 등 많은 일용품에 사용되고 있습니다. 살균 효과가 뛰어난 염소는 황록색을 띠는 기체입니다. 제1차 세계대전 때 독가스로 사용된 역사가 있습니다. 염소를 함유한 물질을 불완전 연소시키면 독성이 강한 다이옥신이 발생하는 경우가 있습니다. 원소 이름은 그리스어 'Chloros(황록색)'에서 유래했습니다.

아르곤

다른 물질과 반응하지 않는 무색의 기체

주요 물질 공기 중에 약 1%

원 자 량 39.948　**밀　도** 1.784g/L

녹 는 점 -189.35°C　**끓 는 점** -185.85°C

발견 연도 1894년

발 견 자 존 윌리엄 스트럿 레일리, 윌리엄 램지(영국)

Photo by Jurii

◀ 무색의 기체. 고압 전기장 아래 두면 자색의 빛을 발합니다.

이용 방법

- 전구의 봉입 가스
- 의료용 레이저
- 단열 유리
- 금속 용접의 산화 방지 등

'게으름쟁이'의 이름과 어울리지 않는 대활약

아르곤은 희가스 원소 중 하나이며, 반응성이 결여된 원소입니다. 램지와 레일리는 대기 중 질소를 붉게 달군 마그네슘에 통과시켰는데, 남은 기체가 순수한 질소에 비해 무겁다는 것을 발견했습니다. 지구의 대기에는 질소 78%, 산소 28%, 다음으로 아르곤이 1% 정도의 농도로 존재합니다. 일상생활 주변에서는 백열전등 등의 봉입 가스 외에도 고문서를 보존할 때 사용됩니다. 의료 분야에서는 레이저의 발신원으로, 녹내장이나 암 치료 등에 사용됩니다. 원소 이름은 '게으름쟁이'를 뜻하는 그리스어 'argos'에서 유래했습니다.

원자번호	19
K	
Potassium/Kalium	
알칼리 금속	원소주기표

포타슘(칼륨)

상온 상태 **고체**

부드러운 은백색의 금속. 높은 반응성

주요 물질	칼리 암석, 커널석 등		
원 자 량	39.0983	밀 도	0.862g/cm^3(고체)
녹 는 점	63.5°C		0.828g/cm^3(액체)
발견 연도	1807년	끓는점	759°C
발 견 자	험프리 데이비(영국)		

▲ 포타슘을 함유하고 있는 포타슘암염. 포타슘은 다양한 화합물로 지각의 약 2.6%를 차지하고 있습니다.

이용 방법

- 비누
- 유리
- 성냥
- 불꽃
- 비료 등

세포 내에 다량 함유된 원소

포타슘은 소듐(나트륨)과 함께 인체에 필요한 미네랄의 대표격입니다. 신경을 전달하거나 근육을 수축시키거나 하는 중요한 영양소입니다. 소듐과 마찬가지로 부드러운 은색 금속이며, 석유 안에 보존됩니다. 풀이나 나무의 재 속에 많이 포함돼 있으며, 반응성이 지극히 높은 알칼리 금속 원소입니다. 농작물을 재배하는 데 없어서는 안 되는 비료의 3대 성분 중 하나입니다. 다양한 물질과 화합합니다. 비누나 유리, 화약 등의 원료가 되며, 소금도 만듭니다. '칼륨'이란 원소 이름은 독일어로 '재(ash)'를 뜻하는 'kalium'에서 유래했습니다.

화학 반응성이 커서 취급에 주의를 해야 한다

포타슘은 공기 중에서 스스로 발화할 수 있습니다. 이때 산소와 반응하여 산화포타슘과 과산화포타슘을 생성합니다. 특히 과산화포타슘은 높은 폭발성을 지니고 있기에 마찰이나 물과 반응하여 폭발합니다. 포타슘은 불꽃 반응 시험에서 진한 빨간색을 나타냅니다. 이 진한 빨간색은 포타슘이 특이하게 나타내는 색이기 때문에 포타슘의 존재를 확인하는 데 사용할 수 있습니다.

◀포타슘 불꽃 반응 시험

생명체에게 매우 중요한 삼투압 조절

포타슘은 소듐과 마찬가지로 우리 몸 안에서 세포의 삼투압을 조절해 주는 역할을 합니다. 또 염화소듐과 비슷한 기능을 하므로 소듐을 줄여야 할 경우, 염화포타슘을 섭취할 수도 있습니다. 그러나 염화포타슘만으로 염분을 조절하면 신장에 문제가 발생할 수 있기에, 염화소듐과 적절히 섞어 사용하는 것이 좋습니다.

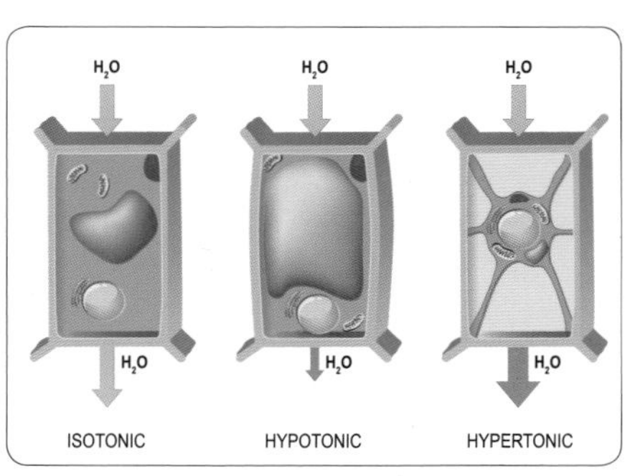

▲ 삼투압은 생명체에서 중요한 역할을 한다.

최초의 전구를 발명한 험프리 데이비

원소 칼럼

1807년 데이비는 전기 분해를 사용하여 포타슘과 소듐을 발견했습니다. 그는 또한 전기 분해를 사용하여 포타슘, 스트론튬, 바륨, 마그네슘, 붕소를 발견했습니다. 데이비의 발견은 화학 원소의 성질을 이해하는 데 도움이 되었습니다. 또한, 탄광에서 불기가 가스에 점화되어 폭발하는 것을 막기 위하여 열을 흡수 · 발산하는 철망이 씌워진 안전한 조명 장치인 데이비 램프를 발명하였습니다.

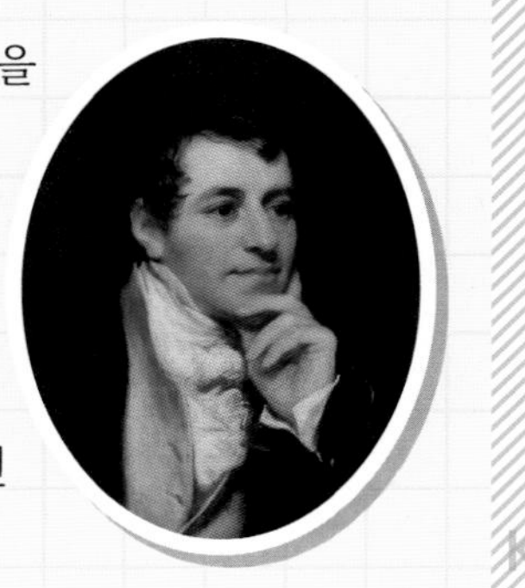

원자번호 20

Ca

Calcium

알칼리토 금속

원소주기표

칼슘

상온 상태 **고체**

부드럽게 광택이 있는 은백색의 금속

주요 물질 대리석, 석회석, 진주, 산호 등

원 자 량 40.078 **밀 도** 1.55g/cm^3

녹 는 점 842℃ **끓 는 점** 1,484℃

발견 연도 1808년

발 견 자 험프리 데이비(영국)

20 Ca

제1주기 제2주기 제3주기 제4주기 제5주기 제6주기 제7주기

▲ 아주 아름다운 색이나 모양을 지닌 조개껍데기. 껍데기의 주성분은 탄산칼슘이며, 조개의 갑옷이자 집입니다.

이용 방법

- 깁스
- 분필
- 담배 마는 종이
- 시멘트

뼈에 꼭 필요한 영양식품으로 유명한 원소

미네랄로, 영양 식품으로 유명한 칼슘입니다. 우리 몸속에 가장 많이 함유된 금속 원소입니다. 뼈와 치아는 물론 세포나 체액에서 중요한 역할을 하고 있습니다. 우유나 치즈, 요구르트, 정어리, 해조 등의 식품에 함유돼 있으며, 균형감 있게 먹는 것이 좋다고 합니다. 자연계에서는 조개껍데기나 산호, 석회암, 대리석 등 탄산칼슘 형태로 존재하고 있습니다. 칼슘화합물인 인산칼슘은 의료 분야의 인공 뼈나 인공 치근(임플란트) 등의 재료로도 이용됩니다. 원소 이름은 라틴어로 '석회'를 뜻하는 'calx'에서 유래했습니다.

건축물 구조에도 활약

칼슘은 피라미드 시대부터 활용된 역사가 있습니다. 인류는 칼슘화합물을 이용해 다양한 건축물을 만들어 왔습니다. 석회암이나 대리석을 석재로, 혹은 석재들을 서로 접합한 시멘트로, 피라미드나 고대 로마의 수도, 극장 건축에도 이용됐습니다.

▲ 이집트 기자 대피라미드(쿠푸 왕의 무덤)에는 1개 평균 2.5~7톤에 달하는 석회석을 다듬은 돌 약 230만 개가 사용됐습니다.

뼈의 주성분

칼슘을 섭취하면 뼈가 튼튼해진다고 합니다. 그것은 뼈나 치아의 주성분이 인산칼슘이나 탄산칼슘 등의 칼슘화합물이기 때문입니다. 인간의 몸에는 약 1kg의 칼슘이 있으며, 그 90% 이상이 뼈와 치아의 성분으로 존재하고 있습니다. 튼튼한 골격을 만드는 데 칼슘은 필수적입니다.

▲ 티라노사우루스의 화석 골격. 몸길이 약 13m, 무게 약 9톤, 육식 공룡 중에서 최대 크기를 자랑하는 공룡입니다.

석회암 동굴을 만드는 원소

석회암 동굴은 석회석 대지를 구성하는 탄산칼슘이 물에 침식돼 생기는 것입니다. 탄산칼슘은 물에 녹지 않습니다만, 짙은 이산화탄소칼슘에는 녹아 탄산수소칼슘이 됩니다. 하지만 수중의 이산화탄소 농도가 낮아지면 다시 탄산칼슘이 됩니다. 이 용해 반응에 의해 생긴 동굴이 석회암 동굴입니다. 천정에서 내려온 것이 종유석이며, 탄산칼슘이 굳어서 생긴 것이 석순입니다.

▲ 삼척시의 환선굴

원자번호 21

Sc

Scandium

□ 전이 금속

원소주기표

스칸듐

상온 상태 고체

가벼운 은백색의 금속

주요 물질 토르트바이타이트 등

원 자 량 44.955908 밀 도 2.985g/cm³

녹 는 점 1,541°C 끓 는 점 2,836°C

발견 연도 1879년

발 견 자 라르스 닐손(스웨덴)

▲ 스칸듐 금속 덩어리. 산화하면 황색을 띱니다. 뭉쳐서 존재하지 않기 때문에 정제 · 생산이 어렵습니다.

이용 방법

- 야구장의 조명
- 경기용 자전거
- 메탈 할라이드 램프

잘 알려지지 않은 희소 금속

스칸듐은 가장 가벼운 희토류이자 희소 금속인데, 매장량은 금이나 은보다 많은 것으로 알려져 있습니다. 기계적 강도가 높아 구조 재료로서의 용도가 기대되지만, 지금으로선 고가여서 그다지 사용되지 않고 않습니다. 알루미늄에 스칸듐을 첨가한 경합금은 강도가 높아 스포츠 자전거의 뼈대에 사용되고 있습니다. 수은등에 소량 첨가해 방전시키면 자연광에 가까운 색이 되기 때문에 스타디움의 조명용 라이트에 이용됩니다. 원소 이름은 라틴어 '남부 스칸디나비아 반도(Scandia)'에서 유래했습니다.

같은 무게의 금보다 비싼 고가의 금속

스칸듐은 토르트바이타이트 광물 등에서 추출하며, 우라늄과 텅스텐을 정제하는 과정에서 나오는 부산물을 모아 만듭니다. 그러나 스칸듐을 광물로부터 추출해서 금속 상태로 만들기도 매우 어렵고 그 생산량도 적습니다. 같은 무게의 금보다 무려 3~5배가량 비싸다고 합니다.

▲ 순도 99.9%의 스칸듐 금속 큐브 제품

가볍고 강도가 뛰어나 미그-29에도 사용

알루미늄과 스칸듐의 합금은 가볍고 강도가 뛰어나 다양한 용도로 사용됩니다. 주로 항공우주 산업에 사용되는 부품에 약 0.1 ~ 0.5%가량의 스칸듐이 들어갑니다. 이는 러시아의 군용기인 미그-21기와 미그-29기에 사용되었으며, 냉전 시기에 개발된 소련의 ICBM 탄두에도 사용된 것으로 알려져 있습니다.

▲ 미그-29의 부품은 알루미늄-스칸듐 합금으로 만들어집니다.

두 번째로 발견된 희토류 금속

원소 칼럼

1879년 라르스 닐손은 스칸디나비아 반도에서 발견된 희토류 광물인 가돌리나이트에서 스칸듐을 발견했습니다. 그는 가돌리나이트의 스펙트럼에서 스칸듐의 특징적인 선들을 발견하여 스칸듐의 존재를 확인했습니다. 그는 또한 스칸듐을 분리하고 순수한 금속으로 결정화하는 데 성공했습니다. 알루미늄 다음으로 발견된 두 번째 희토류 금속이었으며 희토류 금속의 연구에 새로운 장을 열었습니다.

원자번호 22

Ti

Titanium

□ 전이 금속

원소주기표

타이타늄(티탄)

상온 상태 **고체**

광택이 있는 상당히 딱딱한 은백색의 금속

주요 물질 타이타늄 철광, 금홍석 등

원 자 량 47.867 **밀 도** 4.506g/cm^3

녹 는 점 1,668°C **끓 는 점** 3,287°C

발견 연도 1791년

발 견 자 윌리엄 그레고르(영국)

◀홑원소 물질의 금속 타이타늄은 은백색입니다. 자연계에서는 산화타이타늄 형태로, 금홍석이나 타이나늄 철광 등의 광물에 함유돼 있습니다.

이용 방법

- 안경테
- 골프 클럽
- 광촉매
- 자외선 차단제 크림 등

강도나 내식성, 내열성이 우수한 원소

타이타늄의 원소 이름은 그리스 신화의 거인 타이탄(Titan)에서 유래했습니다. 가볍고 산화가 잘 안되며, 열에 강한 금속이어서 항공기나 건축재, 공구에 필수적인 원소입니다. 골프채나 컴퓨터 본체 케이스, 냄비나 안경테 등에 폭넓게 사용되고 있습니다. 또한, 녹이 슬지 않고 금속 알레르기도 일으키지 않아 치아 임플란트나 인공 관절 등의 의료 용구에도 이용됩니다. 산화타이타늄은 촉매로도 잘 알려져 있습니다. '광촉매 효과'로 빛이 닿으면 오염물을 분해합니다. 물과 잘 어울리는 '친수성'의 특징도 갖고 있습니다.

오염물을 분해하는 '광촉매'

산화타이타늄이 화장실 등 배수 설비에서 빛을 흡수해 오염물을 분해하는 '광촉매' 효과가 있습니다. 이것은 자외선을 흡수해 유기물을 분해합니다. 또한, 산화타이타늄은 친수성이 높아 비 등이 내리면 오염물을 떠올려 흘러가기 쉽게 합니다. 이 특징을 이용한 것이 광촉매 코팅입니다.

◀ 광촉매를 코팅한 집의 외벽이나 화장실, 항균제, 자동차의 사이드미러 등 다양한 곳에 사용됩니다.

스포츠용품이나 일용품에도 이용

타이타늄과 알루미늄 금속인 타이타늄 알루미늄은 가볍고 내열성, 내구성을 두루 갖추고 있어, 날개가 있는 회전체의 부품(가스터빈용 인프라) 등에 사용되고 있습니다. 일상적으로 이용하는 안경테는 가벼움, 내구성, 내식성, 탄력성이 요구되기 때문에 타이타늄 제품이 인기입니다.

◀ 티이타늄 합금은 골프채나 라켓과 같은 스포츠용품에 자주 사용됩니다.

금속 알레르기가 적은 원소

타이타늄의 특징 하나는 부식이 잘 안된다는 점입니다. 그 때문에 금속 알레르기 등의 원인이 안 되는 장점이 있습니다. 이 성질을 활용해 치과를 비롯한 의료 분야에서 이용되고 있습니다. 임플란트(인공 치근)나 치열 교정 와이어, 인공 관절이나 골절 치료에 사용하는 플레이트 등입니다. 또한, 자외선을 막는 작용이 있어 선크림이나 화장품 등에도 사용되고 있습니다.

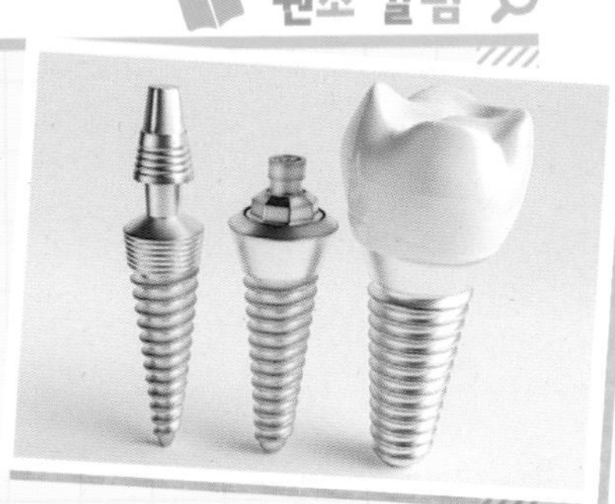

▲ 임플란트

원자번호 23

V

Vanadium

□전이 금속

원소주기표

바나듐

상온 상태 고체

은백색의 부드러운 금속

주요 물질 패트로나이트, 카르노석 등

원 자 량 50.9415 **밀 도** 6.0g/cm^3

녹 는 점 1,910℃ **끓 는 점** 3407℃

발견 연도 1801년, 1830년

발 견 자 델 리오(스페인), N. G. 세프스트룀(스웨덴)

▲ 바나듐의 주요 광석광물이기도 한 갈연석. 또한, 멍게의 혈액 속에도 축적돼 있습니다.

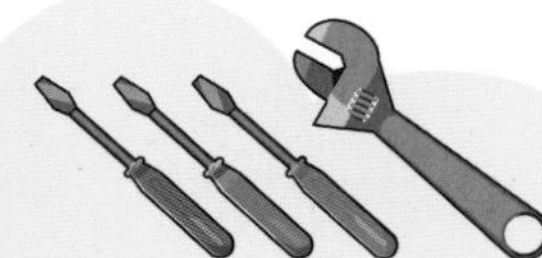

▲ 바나듐을 철광에 첨가하면 튼튼해지기 때문에 렌치나 드라이버, 전기 드릴의 날 등 공구류에 사용됩니다.

이용 방법

- 특수강 합금
- 촉매 초전도 재료
- 수소 저장 합금 등

철의 강도를 늘리는 희소 금속

스페인의 델 리오가 갈연석(vanadinite)에서 발견했을 때는 인정되지 않았습니다. 훗날 스웨덴의 세프스트룀이 재발견했으며, 이름은 북유럽 신화의 미의 여신 '바나지스'에서 유래했습니다. 바나듐은 강철을 딱딱하게 하기 위한 첨가물로 사용됩니다. 타이타늄에 첨가한 합금은 경량으로 가볍고, 녹이 슬지 않아 항공기, 공구류 등에 이용됩니다. 바나듐은 인간에게 필수 원소는 아니라고 여겨지고 있는데, 아직 확실하지는 않습니다. 다만, 당뇨병 치료에 효과가 있는 것으로 알려져 있으며, 연구가 진전되면 바나듐을 사용한 치료 약이 등장할지도 모릅니다.

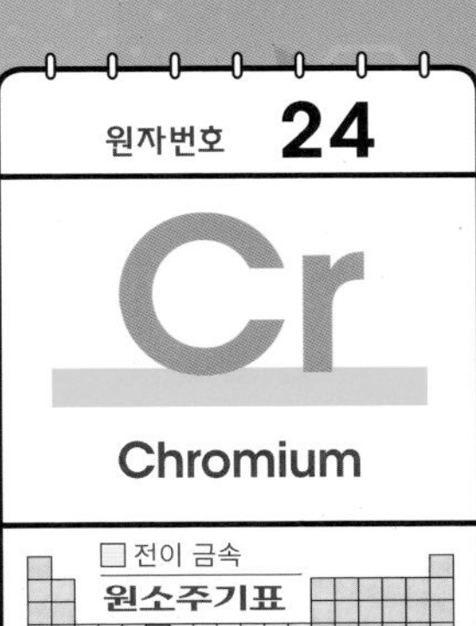

크로뮴(크롬)

상온 상태 **고체**

딱딱하고 내식성이 뛰어난 금속

주요 물질 크로뮴철석, 홍연석 등

원 자 량 51.9961 **밀 도** 7.19g/cm^3

녹 는 점 1,907°C **끓 는 점** 2,671°C

발견 연도 1797년

발 견 자 루이 니콜라 보클랭(프랑스)

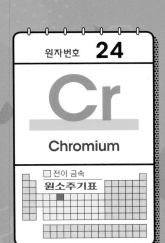

▲ 크로뮴이 도금된 자동차의 범퍼. 내식성이 뛰어나고 아름다운 광택을 발합니다.

▲ 루비나 에메랄드에 함유돼 있으며, 빨간색이나 녹색의 원인이 됩니다.

이용 방법

- 물감
- 스테인리스강
- 니크롬선
- 크로뮴 도금
- 전열선 등

광택과 색채와 연관이 깊은 원소

크로뮴은 아름다운 금속광택을 갖고 있습니다. 마찰이나 녹에 강해 도금해서 자동차나 자전거의 장식 부분, 조명 기구, 인테리어, 수도꼭지 등에 폭넓게 활용되고 있습니다. 강철의 강도를 높이기 위해 크로뮴을 10.5% 이상 첨가하고, 녹이 잘 슬지 않도록 한 것이 스테인리스강입니다. 둘 다 크로뮴이 표면에서 튼튼하고 얇은 피막을 만들기 때문에 녹이 잘 슬지 않습니다. 6가 크로뮴은 독성이 강해 각국에서 사용이 규제되고 있습니다. 한편, 3가 크로뮴은 색소로 이용되며 안전합니다. 원소 이름은 그리스어로 '색'을 의미하며, 산화물이 다양한 색을 나타내는 점과 관련이 있습니다.

원자번호 25

Mn

Manganese

□ 전이 금속

원소주기표

망가니즈(망간)

상온 상태 고체

단단하면서도 무른 은색의 금속

주요 물질 심해저의 망가니즈 단괴 등

원 자 량 54.938044 **밀 도** 7.21g/cm^3

녹 는 점 1,246°C **끓 는 점** 2,061°C

발견 연도 1774년

발 견 자 칼 셸레, 요한 고틀리브 간(스웨덴)

▲ 능망가니즈광(탄산망가니즈). 아름다운 결정의 광물이며, 망가니즈 이온으로 붉게 발색합니다.

▲ 자동차에는 충돌 안전성을 높이기 위해 강도가 필요하기에 망간이 사용됩니다.

이용 방법

- 망가니즈 건전지
- 산화망가니즈
- 다리
- 레일
- 배 등

전지나 제철에 사용되는 희소 금속

망가니즈의 잘 알려진 용도는 망간 전지입니다. 최근에는 알칼리 건전지도 많이 사용되고 있지만, 구조만 다를 뿐 성분은 거의 변하지 않았습니다. 망가니즈 금속은 단일 물질로 사용되는 예는 거의 없고, 합금 등의 형태로 사용됩니다. 철에 망가니즈를 첨가하면 당김에 대한 강도가 높아져 레일이나 다리, 토목 기계 등에 이용됩니다. 망가니즈는 토지뿐 아니라, 해저에 풍부하게 있는 망가니즈 단괴로 존재하는 해양 자원도 있습니다. 원소 이름은 '망가네섬(manganesum)'이라는 광석에서 유래했으며, 칼 셸레가 마그네슘과의 혼동을 피하기 위해 '망가니즈'라고 하였습니다.

미래의 자원으로 풍부한 매장량을 자랑하는 금속

지구에 12번째로 많은 원소 망가니즈는 광산을 채굴해서 얻는 보통의 금속 원소와 달리, 망간은 바닷속에 공 모양의 망가니즈 단괴가 쌓여 있습니다. 태평양 바닥에 쌓인 망가니즈 단괴를 채굴하는 것은 불가능했지만, 2016년 신기술을 개발하면서 이제는 현실에서 가능해졌습니다.

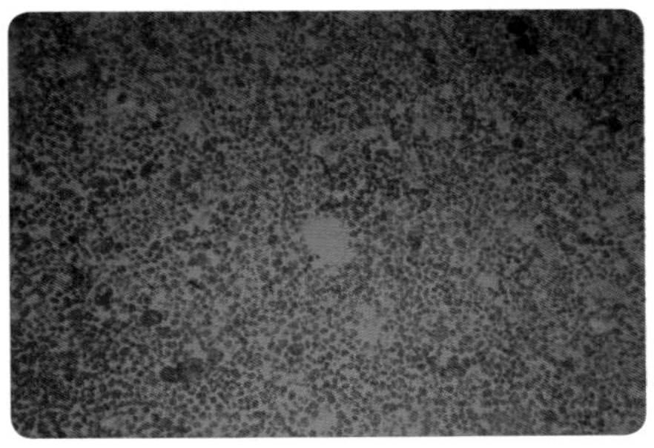

▲ 망간니즈 단괴가 분포되어 있는 태평양 광구해역

다양한 건전지에 많이 사용하는 금속

우리가 흔히 사용하는 AA 크기와 AAA 크기의 1.5V 건전지인 망가니즈 건전지는 일종의 일회용 전지입니다. 망가니즈를 음극으로, 아연을 양극으로 사용합니다. 전해질로는 황산을 사용합니다. 망가니즈 건전지는 알카리 건전지보다 저렴하지만 수명이 짧아 시계, 계산기, 장난감과 같은 소형 전자기기에 자주 사용됩니다.

▲ 망가니즈 건전기 AA, AAA, 9V, C, D 타입

최초로 망가니즈를 분리한 화학자

원소 칼럼

칼 셸레는 망가니즈를 포함한 광물에서 염소 기체를 얻는 실험을 하던 중에, 이 광물에 새로운 원소가 포함되어 있다는 사실을 알아냈습니다. 그러나 셸레는 그 원소를 분리해 내지는 못했습니다. 이후 1774년 요한 고틀리브 간이 이산화망가니즈를 탄소와 반응시켜 산소를 제거한 뒤, 금속 망가니즈를 얻는데 성공하여 최초로 망가니즈의 분리에 성공했습니다.

원자번호 26

Fe

Iron[Ferrum]

□ 전이 금속

원소주기표

철

상온 상태 고체

자석에 잘 붙는 성질을 지닌! 은백색의 금속

주요 물질 적철석, 자철석, 적혈구 등

원 자 량 55.845　**밀　도** 7.874g/cm^3

녹 는 점 1,538°C　**끓 는 점** 2,862°C

발견 연도 고대부터 알려짐

발 견 자 불명

◀ 고로에 철광석과 코커스를 넣으면, 2,400°C의 열에서 산소가 광석의 산소와 결합해, 철이 액체 금속으로 흘러나옵니다.

이용 방법

- 식칼이나 칼
- 자동차
- 건물의 구조 재료
- 휴대용 핫팩 등

고대부터 현재까지 가장 많이 사용되고 있는 금속

철은 지구상에 가장 많이 존재하는 원소입니다. 기원전 5,000만 년경부터 이용됐으며, 오늘날에도 철 문명이 이어져 오고 있습니다. 건축 재료부터 탈것, 일용품에 이르기까지 널리 이용되고 있습니다. 철은 습한 공기 속에서 산화하기 쉬운 성질을 갖고 있습니다. 일회용(화학) 핫팩이나 식품의 탈산소제에는 철분이 포함돼 있는데, 이 산화 반응이 이용되고 있습니다. 또한, 인체의 필수 원소이기도 한 철은 혈액 속의 헤모글로빈에 함유돼 있으며, 산소와의 결합을 통해 산소를 운반하고 있습니다. 원소 이름은 그리스어의 '강하다(ieros)'에서, 원소기호는 라틴어의 '철(ferrum)'에서 유래했습니다.

탄소량에 따라 철의 이름이 다르다

철의 금속은 탄소량에 따라 명칭이 바뀝니다. 탄소 0.02% 이하의 부드럽게 구부리고 펴기 쉬운 '순철', 강철 가구나 음료수 캔에 사용되는 ~2%까지의 '강', 가열하면 녹기 쉽고 흐르기 쉬운 철판구이나 붕어빵 철판에 사용되는 ~4.5%까지의 '주철', 탄소 3% 이상의 '선철'이 있습니다.

▲ 선철은 단단하면서도 무른데, 녹기 쉽고 가공하기 쉬운 성질을 갖고 있습니다. 성분을 조정해 주철로 사용하는 경우도 있습니다.

일회용 핫팩

휴대해서 사용하는 일회용 핫팩에는 철분이 함유돼 있습니다. 주무르면 철이 공기 중의 산소와 반응해 산화되고 녹이 습니다. 이때 열을 내기 때문에 따뜻해지는 구조입니다. 철과 산소만으로는 간단히 반응하지 않아, 촉매로 염화나트륨이나 염화포타슘, 물도 들어 있습니다.

▲ 핫팩은 철을 쉽게 녹슬게 하는 반응을 통해 발열합니다. 바다 근처에서는 철이 쉽게 녹스는 것과 마찬가지의 원리입니다.

지구의 핵은 주로 철과 니켈

원소 칼럼

지구에는 여러 물질 층이 몇 개나 중첩돼 있습니다. 성분의 90%가 철과 산소, 규소, 마그네슘입니다. 철에 들러붙기 쉬운 원소는 밀도가 커 중심부에 가라앉습니다. 지구 외핵은 철과 니켈, 황으로 이뤄져 있습니다. 중심부인 내핵은 철 89%, 니켈 5.5%, 황 4.5%, 기타 1%입니다. 핵에 있는 철은 지구를 500바퀴 길이의 선로를 설치할 수 있는 양입니다.

원자번호 27

Co

Cobalt

□전이 금속

원소주기표

코발트

상온 상태 고체

자석에 잘 붙는 성질을 지닌 은백색의 금속

주요 물질 휘코발트석, 리네이트 등

원 자 량 58.933194 밀 도 8.90g/cm^3

녹 는 점 1,495℃ 끓 는 점 2,927℃

발견 연도 1735년

발 견 자 게오르그 브란트(스웨덴)

▲ 유리를 파랗게 물들이기 위해 코발트가 사용된 유리. 옛날부터 스테인드글라스에 이용되고 있습니다.

◀하드디스크 드라이브의 자기 헤드에는 코발트와 철의 합금이 함유돼 있습니다.

이용 방법

- 안료
- 합금
- 자성 재료
- 건조제의 파란 알갱이 등

아름다운 블루 안료가 되는 원소

'코발트블루'라는 색을 가장 먼저 떠올리게 하는 원소입니다. 고대 이집트 등에서도 안료로 사용됐으며, 우리에게도 친숙한 도자기 '염색'에도 코발트를 함유한 안료가 사용되고 있습니다. 코발트는 단일 물질로 사용되는 경우가 적고, 여러 금속과 조합해 다양한 기능성 금속으로 사용됩니다. 자석 재료나 금속은 강도가 높아, 용광로나 석유화학 콤비나트, 항공기, 붉은빛의 안약 등에 사용됩니다. 또한, 빈혈을 막기 때문에 생물에 필요한 원소 중 하나입니다. 원소 이름은 독일어로 '산의 정령'을 뜻하는 '코볼트'에서 유래했습니다.

니켈

상온 상태 고체

자석에 잘 붙는 성질을 가진 은색의 금속

주요 물질 펜틀란다이트, 규니켈석 등
원 자 량 58.6934
밀 도 8.908g/cm³(상온 고체) 7.81g/cm³(용융 액체)
녹 는 점 1,455°C
발견 연도 1751년
끓 는 점 2,730°C
발 견 자 프레드릭 크론스테드(스웨덴)

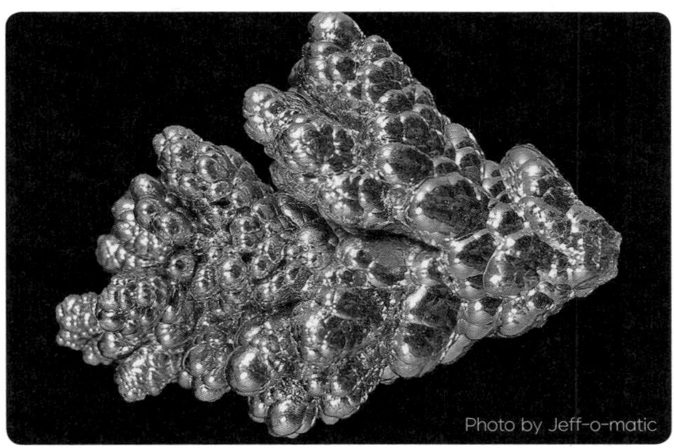

▲ 전기 도금으로도 불리는 아연 도금의 부산물입니다. 아름답지만 도금 작업장에서는 산업 폐기물이 됩니다.

이용 방법

- 동전
- 형상 기억 합금
- 내열 합금
- 니켈·수소 전지 등

합금으로 다양한 분야에서 활약

니켈은 늘이거나 얇게 펴거나 가공하기 쉬운 금속입니다. 구리와의 합금(백동)으로 한국에서는 500원·100원·50원 동전, 미국에서는 5센트 동전에 사용되고 있습니다. 전지의 전극에도 사용되고 있으며, 반복 충전이 가능한 니켈·수소 전지 등이 있습니다. 또한, 니켈과 타이타늄의 합금은 형상 기억 효과의 성질을 갖고 있어, 의료나 의류 분야에서 이용되고 있습니다. 크로뮴과의 합금인 니크롬선은 전기풍로나 스토브 등에도 사용됩니다. 원소 이름은 구리를 추출하지 못한 광석에 붙여진 '구리 악마'라는 의미의 독일어에서 유래했습니다.

원자번호 29

Cu

Copper[Cuprum]

□ 전이 금속

원소주기표

구리

상온 상태 고체

전기를 잘 통한다. 붉고 부드러운 금속

주요 물질 황동석 등

원 자 량 63.546　　밀 도 $8.960g/cm^3$

녹 는 점 1,085℃　　끓는점 2,562℃

발견 연도 고대부터 알려짐

발 견 자 불명

◀ 너깃 형태로 산출된 적동색의 자연 구리. 자연 속에서는 화합물 형태로 존재하는 것이 많은데, 드물게 자연 구리가 발견되기도 합니다.

이용 방법

- 전선
- 동상
- 냄비
- 프라이팬
- 합금 재료
- 경화 등

가장 옛날부터 사용되고 있는 금속

기원전 8000년경의 유적에서 구리 장식품이 출토됐을 정도로 인류와 구리의 관계는 옛날부터 지속되고 있습니다. 구리는 값이 싸서 철, 알루미늄에 이어 3번째로 많이 소비되고 있습니다. 전기를 잘 통하게 하므로 전선 등에 사용됩니다. 열전도성이 높고 살균성도 있으며 가공하기 쉬워 조리 기구나 의료 분야에서도 활약하고 있습니다. 주석과의 합금인 '청동'은 동전이나 조각 재료로 널리 사용되고 있습니다. 또한, 구리는 생명의 필수 원소이며, 효소의 필요 성분으로 없어선 안 됩니다. 원소 이름은 구리가 많이 채굴됐다는 지중해의 섬 cuprum(키프로스)에서 유래했습니다.

구리 금속의 종류

구리는 많은 합금을 만듭니다. 대표적인 것은 흰 '백동'(니켈의 합금), '양은'(니켈, 아연), 금색의 '놋쇠'(아연), '포금'(주석, 아연), 초콜릿색을 띤 브론즈라고도 불리는 '청동'(주석) 등이 있습니다. 청동이라고 불리는 것은 녹이 슬면 청록색이 되기 때문입니다.

◀'강진 고성사 청동보살좌상'은 높이 51cm로, 살며시 천의 자락을 손바닥으로 짚고 있는 모습 등의 생동감 있는 표현력으로 보아 고려 후기 불상 중에서 단연 돋보이는 작품이라고 할 수 있습니다.

푸른 혈액이 흐르는 생물의 이유

연체동물이나 절족동물의 대부분은 파란색 피를 갖고 있습니다. 오징어나 문어, 새우류, 투구게, 바지락, 타란툴라 등입니다. 이들 생물의 혈액에는 '구리 이온'으로 이뤄진 헤모시아닌이라는 단백질이 함유돼 있습니다. 평소에는 무색투명하지만 산소와 결합하면 파랗게 보입니다.

▲ 푸른 피를 가진 흰꼴뚜기(흰오징어). 인간의 혈액에는 철 이온을 포함한 헤모글로빈이 있기 때문에 빨간색으로 보입니다.

구리는 두 번째로 전기 전도율이 높은 금속

구리는 전기를 보내는 '동선 케이블'로 많은 곳에서 활약하고 있는 금속입니다. 모든 금속 중에서 전기 전도율이 가장 높은 것은 '은'입니다. 은에 이어 높은 전기 전도율을 자랑하는 것이 '구리'이며, 그 뒤를 잇는 것이 '금'입니다. 구리는 가장 저렴한 비용으로 전기를 통하게 하는 아주 편리한 금속입니다. 전기 전도율 외에 가공성도 뛰어난 구리는 많은 전자제품이나 건축물, 조리 기구 등에 사용되고 있습니다.

▲ 구리를 사용한 케이블 단면

원자번호 30

Zn

Zinc

□ 전이 금속

원소주기표

아연

상온 상태 **고체**

청회색의 금속. 인체의 필수 원소

주요 물질 섬아연석, 우르츠(Wurtzite) 등

원 자 량 65.38 **밀 도** 7.14g/cm^3

녹 는 점 419.53℃ **끓 는 점** 907℃

발견 연도 고대부터 알려짐

발 견 자 불명

▲ 아연의 주된 광석인 섬아연광. 아연이 많이 함유돼 있는 식품으로는 굴이 유명합니다.

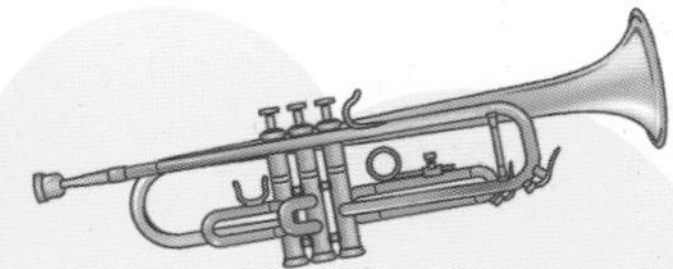

▲ 놋쇠는 금관악기의 재료로 사용됩니다. 브라스밴드의 '브라스(brass)'는 영어로 황동을 말합니다.

이용 방법

- 건전지
- 함석판
- 양동이
- 경화
- 금관악기 등

철보다 더 쉽게 녹스는 원소

아연은 인체에 없어서는 안 되는 철에 이어 두 번째로 많은 미량 원소입니다. 옛날부터 알려진 금속 중 하나이기도 합니다. 산과 알칼리 쌍방에 반응하는 양성 원소라고도 알려져 있습니다. 아연은 철보다도 먼저 부식하기(쉽게 녹슬기) 때문에, 철을 부식에서 지켜 낸다는 특성을 갖고 있으며, 옛날부터 철판에 아연 도금을 한 함석판 원료로 사용되고 있습니다. 또한, 건전지 전극으로도 사용되고 있습니다. 구리와의 합금은 '놋쇠'로, 10원 동전이나 금관악기, 장식품으로 사용됩니다. 원소 이름은 독일어의 '포크의 끝(Zink)'이라는 의미에서 유래했다 등 여러 설이 있습니다.

원자번호 31
Ga
Gallium
전이후 금속
원소주기표

갈륨

상온 상태 **고체**

녹는점이 낮은 금속

주요 물질 보크사이트, 섬아연석 등

원 자 량 69.723 **밀 도** $5.91g/cm^3$

녹 는 점 29.76°C **끓 는 점** 2,400°C

발견 연도 1875년

발 견 자 폴 부아보드랑(프랑스)

▲ 은백색의 녹는점이 낮은(29.8°C) 금속입니다. 손바닥 위에서 녹아 액체가 돼 버립니다.

◀ 청색 LED의 탄생에 의해 빛의 삼원색이 갖춰져 LED로 다양한 색을 표현할 수 있게 됐습니다.

이용 방법

- 발광다이오드
- 조명
- 반도체 등

반도체가 되는 희소금속

알루미늄이나 아연을 정련했을 때 그 부산물로 얻을 수 있는 금속입니다. 컴퓨터나 조명 등에 없어서는 안 되는 반도체 재료로 사용됩니다. 질소와의 화합물인 질화갈륨은 밝은 청색 발광다이오드(LED)의 재료입니다. 비소와의 화합물인 비소갈륨(갈륨비소)은 적색 발광다이오드나 CD·DVD의 정보 기록·재생용 레이저에도 사용됩니다. 갈륨이 발견되기 전 멘델레예프는 당시 알려진 63개 원소의 주기율표로 정리하면서 알루미늄 아래에 있다고 하여 이 원소를 에카-알루미늄(eka-aluminum)이라고도 하였습니다. 원소 이름은 프랑스의 옛 라틴어 명칭 '갈리아(Gallia)'에서 유래했습니다.

원자번호 32

Ge

Germanium

■ 준금속

원소주기표

저마늄(게르마늄)

상온 상태 **고체**

은백색의 준금속(반도체)

주요 물질 카보네이트 등

원 자 량 72.630 **밀 도** 5.323g/cm^3

녹 는 점 938.25℃ **끓는점** 2,833℃

발견 연도 1886년

발 견 자 클레멘스 빙클러(독일)

▲ 저마늄 금속. 전성이 없고, 딱딱하며 충격에는 약합니다. 화학적으로 규소와 비슷한 반도체성이 있습니다.

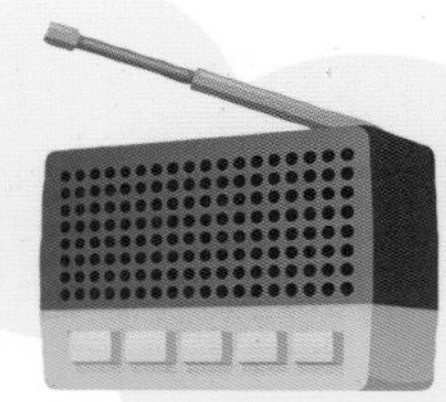

▲ 1950년대 후반부터 1960년에 걸쳐 '트랜지스터 라디오'가 보급됐습니다.

이용 방법

- 다이오드
- 트랜지스터 등

초기 트랜지스터로 활약

은백색의 준금속(반도체)입니다. 반도체란 전기 저항값이 금속도 아니고 비금속도 아닌 중간값을 나타내는 물질입니다. 초기 트랜지스터나 다이오드의 재료로 사용됐으며, 수많은 전자기기에 이용돼 왔습니다. 현재는 실리콘(규소)제가 주류입니다. 촉매로 페트병 재료인 PET 수지 제조에도 사용되고 있습니다. 저마늄이 면역력을 높인다며 건강 효과를 강조하는 제품도 있는데, 그런 기능의 과학적인 근거는 확인되지 않고 있습니다. 원소 이름은 독일어를 의미하는 '게르마니아'에서 유래했습니다.

비소

상온 상태 **고체**

회색의 금속, 황색의 비금속, 검은 반도체

주요 물질 석황, 계관석 등

원 자 량 74.92160　**밀　도** 5.727g/cm^3

녹 는 점 816°C　**끓 는 점** 615°C

발견 연도 1250년 무렵

발 견 자 알베르투스 마그누스(독일)

▲ 붉은 계관석과 황색 석황이 섞인 광석. 둘 다 비소의 유화 광물이며, 태우면 아비산을 생성합니다.

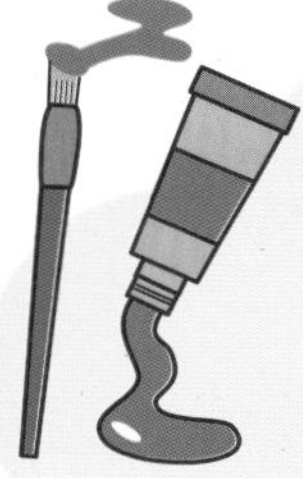

◀ 비소를 함유한 화합물은 벽지나 화가가 쓰는 녹색 안료 '패리스 그린'으로 사용됩니다.

이용 방법

- 반도체
- 발광다이오드
- 의약품 독약 등

독물로 유명한 원소

비소는 준금속의 성질을 갖고 있습니다. 그 독성은 고대 로마 시대부터 현대까지 암살용 독약으로 사용된 역사가 있습니다. 한편, 살충제 등으로 사용되는 아비산은 처방에 따라선 백혈병 일종의 치료에 높은 효과가 있다는 것이 실증됐습니다. 또한, 산업 용도로는 갈륨과의 화합물이 적색 발광다이오드나 반도체 레이저 등에 사용되고 있습니다. 식품의 톳이나 굴에도 비소가 함유돼 있는데, 먹어도 중독은 되지 않습니다. 원소 이름은 여러 설이 있으며, 페르시아어의 '황색'이나 그리스어 '남자답다' 등에서 유래했습니다.

원자번호 34

Se

Selenium

다원자 분자 비금속

원소주기표

셀레늄

상온 상태 고체

반도체성과 광전도성을 지닌 비금속

주요 물질 자연 셀레늄, 유황, 유화물 등

원 자 량 78.96 밀 도 3.99g/cm^3

녹 는 점 221°C 끓 는 점 685°C

발견 연도 1817년

발 견 자 옌스 야코브 베르셀리우스, 요한 고틀리브 간(스웨덴)

▲ 셀레늄 금속 덩어리

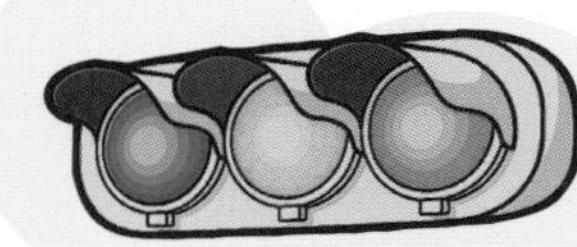

▲ 빨강 신호등의 유리에는 착색제로 셀레늄이 사용되고 있습니다.

이용 방법

- 유리의 첨가제
- 광전지
- 감광 재료
- 의약품 등

빛이 닿으면 전기를 통하게 하는 원소

셀레늄은 유황이나 유화물에 함유된 형태로 산출됩니다. 홑원소 물질로는 회색, 적색, 흑색 등이 있습니다. 동소체가 많은데, 상온에서 안정된 것은 회색 셀레늄입니다. 금속 셀레늄으로도 불리며, 빛을 쬐면 전기 전도성을 갖게 됩니다. 이 성질을 활용해 초기 복사기나 레이저 프린터의 감광 드럼, 카메라의 노출계 등에 이용됐습니다. 다만 독성도 있어 현재는 다른 물질을 사용합니다. 셀레늄은 인체에 없어서는 안 되는 필수 미량 원소 중 하나이며, 식품에서는 견과류에 많이 함유돼 있습니다. 원소 이름은 달을 뜻하는 그리스어 'Selene'에서 유래했습니다.

인체에 반드시 필요한 미량 원소로 쉽게 식품으로 섭취

셀레늄은 DNA를 만들고 세포 손상과 감염으로부터 보호하는 데 도움을 주는 다양한 효소와 단백질의 필수 구성 요소입니다. 이 단백질들은 또한 갑상선 호르몬의 재생산과 신진대사에 관여합니다. 갑상선 기능을 보조하는 다양한 셀레늄 단백질로 인해 대부분의 셀레늄은 인체의 근육 조직에 저장됩니다.

▲ 셀레늄이 함유된 다양한 식품

건강을 위해서는 반드시 필요한 양을 지켜야 하는 보충제

셀레늄은 일반적인 식습관만으로도 적당한 양을 보충할 수 있기 때문에 치료를 목적으로 하는 경우가 아니라면 일부러 따로 챙겨서 섭취할 필요는 없습니다. 오히려 너무 많이 섭취하면 탈모, 구토, 어지럼증 등 전형적인 중금속 중독 증상이 나타나기에 반드시 필요한 양만 섭취해야 합니다.

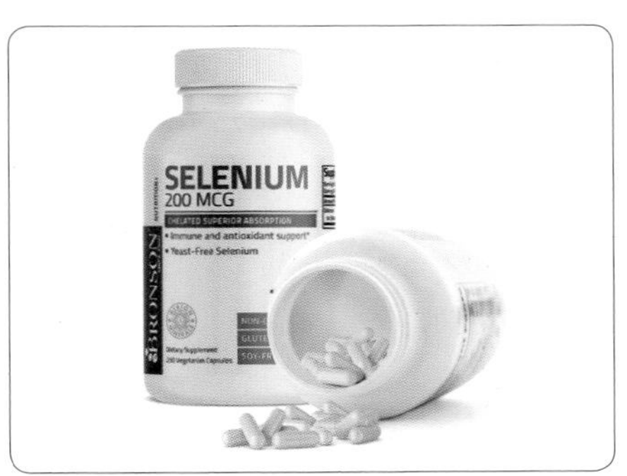

▲ 판매 중인 셀레늄 캡슐 보충제

셀레늄 중독으로 사망한 베르셀리우스

원소 칼럼

베르셀리우스는 셀레늄을 발견한 사람이지만, 실험 과정에서 셀레늄화 수소에 너무 많이 노출되어 사망했습니다. 셀레늄화 수소는 셀레늄과 수소의 화합물로 피부, 눈, 호흡기를 자극하고 구토, 설사, 발작을 일으킬 수 있습니다. 베르셀리우스는 셀레늄화 수소를 흡입하여 중독되었고 결국 사망했습니다. 셀레늄은 유용한 원소일 수 있지만, 위험하기에 항상 주의해야 합니다.

원자번호 35

Br

Bromine

이원자 분자 비금속

원소주기표

브로민(브롬)

상온 상태 액체

독특한 자극성 냄새, 상온에서 액체인 원소

주요 물질 해수 등

원 자 량 79.904 밀 도 3.1028g/cm^3(액체)

녹 는 점 −7.25°C 끓 는 점 58.8°C

발견 연도 1826년, 1826년

발 견 자 카를 뢰비히(독일), 앙투안 제롬 발라르(프랑스)

◀실온에서는 액체인데, 끓는점이 낮아 방치하면 증발해 적갈색의 기체가 되는 브로민. 취급에 주의를 요합니다.

이용 방법

- 사진 감광재
- 색소
- 난연제
- 살균제 등

자극성 냄새가 있는 할로젠

브로민은 상온에서 액체인 원소입니다. 상온 액체 원소는 브로민과 수은(Hg), 단 두 개뿐입니다. 적갈색을 띤 물질은 자극적인 냄새가 있고 맹독성이기 때문에 피부에 닿거나 마시면 상당히 위험합니다. 브로민화합물은 잘 타지 않기 때문에 비행기나 열차의 내장제로 이용됩니다. 또한, 브로민은 필름 사진의 감광재로 이용됐습니다. 지중해 연안에 서식하는 고둥·뮤렉스 고둥의 분비물에는 브로민이 함유돼 있으며, 고대 로마 시대에는 고귀한 자색의 염료로 사용됐습니다. 원소 이름은 가스가 자극성이 강한 악취를 풍기는 데서 유래했습니다. 영어명은 그리스어의 '악취(bromos)'가 어원입니다.

고귀한 빛깔을 자아내는 브로민 화합물

구약성서에 "엘리사의 섬보다 더 나은 쪽과 보라색의(염료로 염색된) 천"이라는 구절이 있습니다. 이 보라색 염료는 티리안 퍼플로 불리는 것으로, 화학적으로는 디브롬인디고라는 브로민을 함유한 유기물입니다. 이것을 1g 얻기 위해서는 지중해의 고둥 8,000마리가 필요하기 때문에 귀중합니다.

▲ 로열 퍼플(Royal purple)의 옷을 두른 동로마 황제의 모자이크화

Photo by M.Violante

▲ 로열 퍼플에 이용된 뮤렉스 고둥

브로마이드 사진의 어원은 브로민

필름 사진이 전성기였을 때 브로민은의 감광제로 사용됐습니다. 인기 배우나 아이돌 등의 초상 사진은 '브로마이드'라고 불렸는데, 이것은 영어로 브롬화물(bromide)의 '실버 브로마이드 페이퍼'에서 전용된 것입니다.

▲ '브로마이드'라 불린 소장용 사진 판매점

브로민의 발견자는 2명의 학생

원소 칼럼

1826년 프랑스의 발라르는 농축시킨 염호수와 염소 가스의 반응에 의해 브로민을 발견했습니다. 그 1년쯤 전에 독일의 학생 뢰비히는 브로민을 함유한 액체 추출에 성공했는데, 담당 교수의 지시에 따라 액체의 대량 정제를 진행하는 동안 발라드가 발견·발표하고 말았다고 합니다. 발라드도 뢰비히도 발견 당시 23세의 젊은이였습니다.

▲ 앙투안 발라르(1802~1876년)

원자번호 36

Kr

Krypton

크립톤

상온 상태 기체

무색무취의 희가스

주요 물질	공기 등		
원 자 량	83.798	밀 도	3.749g/L(0°C)
녹 는 점	-157.37°C		3.749g/L(325kPa)
발견 연도	1898년	끓 는 점	-153.415°C
발 견 자	윌리엄 램지, 모리스 트래버스(영국)		

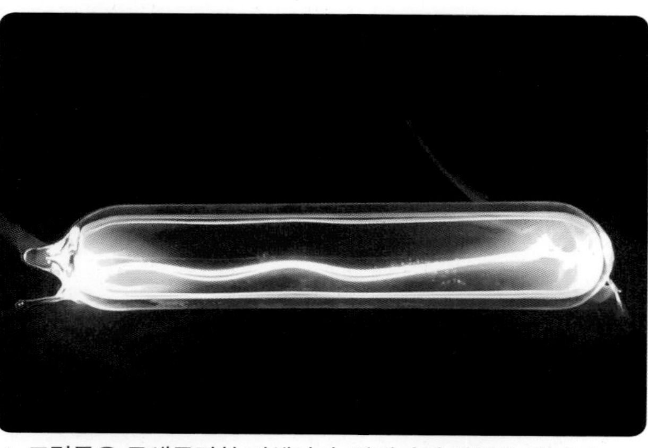

▲ 크립톤은 무색투명한 기체이며, 방전관에 압력을 가하면 청백색의 빛을 발합니다.

◀백열전구에 봉입된 가스는 아르곤 등이 일반적인데, 크립톤은 전구의 필라멘트 수명을 길게 합니다.

이용 방법

- 전구
- 스트로보
- 레이저
- 방전관 등

지구상에서 가장 적은 기체

크립톤은 희가스 원소로, 다른 원소와 잘 반응하지 않는 불활성 성질을 갖고 있습니다. 붕소 이외에는 거의 반응하지 않습니다. 열이 잘 전해지지 않아 필라멘트를 오래 쓸 수 있기 때문에, 백열전구 안에 봉입하는 불활성 가스로 크립톤 전구가 있습니다. 또한, 플래시나 스트로보(strobo)로 사용됩니다. 1960~1983년까지 '1m' 길이를 정의할 때, 크립톤이 진공 중에서 발하는 빛의 파장 길이를 이용했습니다. 원소 이름은 그리스어 '감춰진 것(kryptos)'에서 유래했는데, 공기 중에 감춰진 존재였기 때문입니다.

루비듐

상온 상태 고체

반응성이 높은 은백색의 부드러운 금속

주요 물질 홍운모, 카널라이트 등

원 자 량 85.4678　밀 도 1.532g/cm^3

녹 는 점 39.30°C　끓 는 점 688°C

발견 연도 1861년

발 견 자 로베르트 분젠, 구스타프 키르히호프(독일)

▲ 은백색의 루비듐 금속. 공기 중에서 자연 발화하기에 신중하게 취급해야 합니다.

◀ 자동차 내비게이션 시스템에 이용되고 있는 GPS. 지상 측 단말기에 루비듐 원자 발신기를 사용하는 것도 있습니다.

이용 방법

- 루비듐 원자시계
- 불꽃
- 암석의 연령을 조사하는 연구 등

태양계의 나이를 세는 원소

루비듐은 나트륨과 마찬가지로 알칼리 금속에 속하며, 물과 격렬하게 반응합니다. GPS 인공위성의 정확한 위치를 파악하는 데 꼭 필요하며, 시계에도 이용되고 있습니다. 방사성 동위체인 루비듐 87은 베타 붕괴로 비방사성의 스트론튬 87로 변합니다. 488억 년이라는 반감기의 길이를 이용해 연대 특정에 이용됩니다. 암석이나 운석에 함유된 그것들의 함유 비율에서, 억년 단위의 연대를 측정할 수 있어, 지구나 태양계의 연대를 특정하는 것도 가능합니다. 원소 이름은 발광 스펙트럼의 색, 라틴어의 '어둡고 붉은색(rubidus)'에서 유래했습니다.

원자번호 38

Sr

Strontium

알칼리토 금속

원소주기표

스트론튬

상온 상태 고체

은백색의 부드러운 금속

주요 물질 스트론티아나이트, 천청석 등

원 자 량 87.62 **밀 도** 2.64g/cm^3

녹 는 점 777°C **끓 는 점** 1,377°C

발견 연도 1808년

발 견 자 험프리 데이비(영국)

▲ 순도 99.95%의 스트론튬. 원소 이름은 영국의 크로포드가 스트론티아나이트에서 발견한 데서 유래했습니다.

◀적색의 불꽃에는 염화스트론튬이 사용됩니다.

이용 방법

- 불꽃
- 발연통
- 페라이트 자석
- 방사선 치료 등

밤하늘을 불꽃으로 물들이는 희소금속

스트론튬은 아주 부드러운 금속입니다. 반응성이 높고, 태우면 선명한 붉은빛을 발하기 때문에 화합물은 불꽃이나 발연통의 재료로 이용되고 있습니다. 주된 용도는 유리의 첨가제이며, 액정 디스플레이 등에서 X선의 방사를 차단하는 한편, 페라이트 자석에 첨가돼 자동차용 소형 모터나 스피커, 테이프 레코드 등 다양한 제품에 활용되고 있습니다. 또한, 세슘의 원자시계보다 더 정확한 광격자 시계의 재료로 사용됩니다. 원자력발전소에서 방출된 방사성 스트론튬은 체내에 들어가면 뼈에 축적되기 때문에 위험합니다.

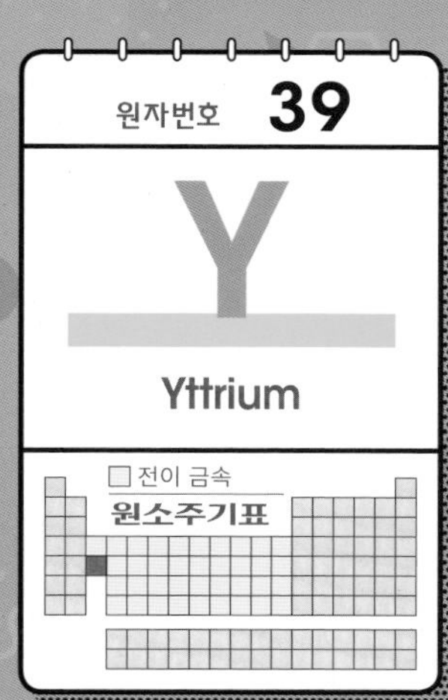

원자번호 39
Y
Yttrium
전이 금속
원소주기표

이트륨

상온 상태 고체

은백색의 부드러운 금속

주요 물질 가돌린석, 모나즈석, 바스트네사이트 등
원 자 량 88.90584 밀 도 4.472g/cm^3
녹 는 점 1,526°C 끓 는 점 3,203°C
발견 연도 1794년
발 견 자 요한 가돌린(핀란드)

▲ 순도 99.99%의 이트륨. 원소 이름은 발견된 스웨덴의 마을 위테르비에서 유래했습니다.

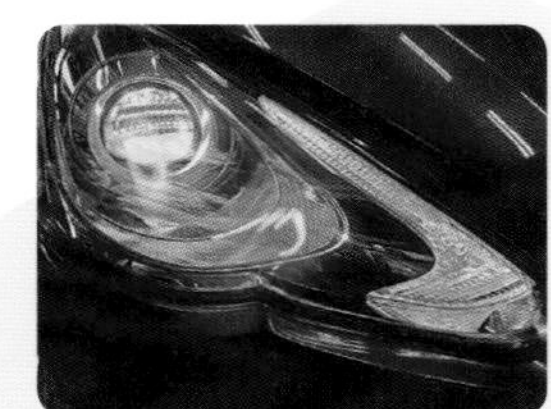

▲ 자동차의 헤드라이트에도 이트륨을 함유한 야그(YAG)가 사용됩니다.

이용 방법

- 자동차의 헤드라이트
- 판금의 용접용 등

고체 레이저의 대표격

이트륨은 최초로 발견된 희토류 원소입니다. 이 금속은 연성이나 전성이 없는데, 금속에 첨가하면 결정이 치밀해져 강도나 내식성이 상향됩니다. 이트륨과 알루미늄, 산소로 이뤄진 인공 가넷(YAG)은 강력한 레이저 광선을 만들어 내기 때문에 용접, 가공, 의료 등 폭넓게 이용됩니다. 백색 LED의 형광체로서도 사용하고 있습니다. 레이저 치료 외에도 이트륨은 의료 현장에서 암을 치료하기 위해 방사성 동위체인 이트륨 90이 사용되고 있습니다. 한편, 수용성 이트륨 화합물은 인체에 유해합니다.

원자번호 40

Zr

Zirconium

□ 전이 금속

원소주기표

지르코늄

상온 상태 고체

은백색의 금속

주요 물질 지르콘, 바델레이석 등

원 자 량 91.224 밀 도 6.51g/cm^3

녹 는 점 1,855°C 끓는점 4,377°C

발견 연도 1789년

발 견 자 마르틴 하인리히 클라프로트(독일)

▲ 순도 99.97%의 지르코늄. 상온에서는 화학 물질에 대해 안정적이지만 고온이 되면 물이나 산소, 할로젠과 반응합니다.

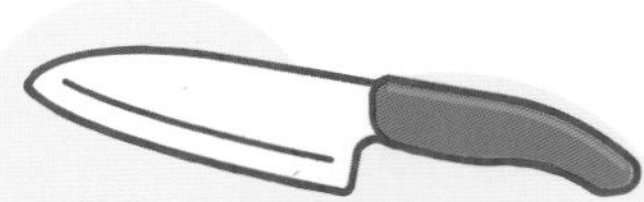

▲ 이산화지르코늄은 세라믹 재료로 공구나 날붙이 등에 사용됩니다.

이용 방법

- 치아의 치료 재료
- 인공 관절
- 가스풍로의 착화 장치
- 인공 다이아몬드 등

인공 다이아몬드의 소재가 된다

지르코늄 화합물은 내식성이 우수하고 고온에도 강해 다양한 분야에서 폭넓게 이용되고 있습니다. 특히 중성자를 흡수하지 않는 성질이 있어, 원자로의 우라늄 연료봉을 덮는 재료로 사용되고 있습니다. 산화물은 지르코니아(Zirconia)로 불리며, 반복적인 온도 급격한 변화를 잘 견디기 때문에 내화벽돌 등에 사용됩니다. 이트륨 등을 첨가한 '큐빅-지르코늄'이라고 불리는 다이아몬드를 닮은 휘황찬란한 빛을 발하는 장식품이 있습니다. 원소 이름 지르코늄은 아랍어로 '금색'을 뜻하는 말에서 유래한 보석 '지르콘'에서 발견된 데서 명명됐습니다.

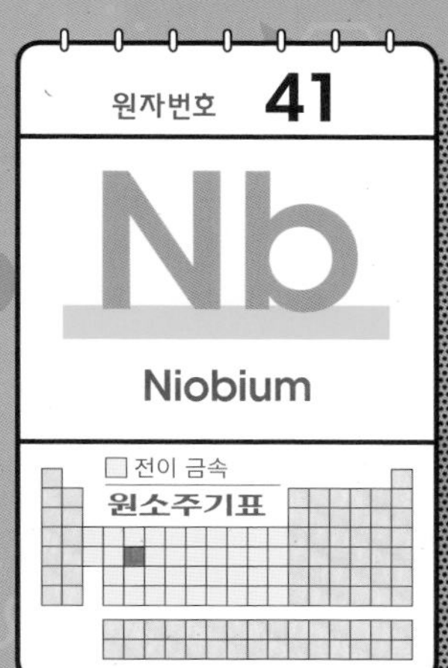

나이오븀(니오븀)

상온 상태 고체

은백색의 부드러운 금속

주요 물질 컬럼바이트, 파이로클로르 등

원 자 량 92.906 밀 도 8.57g/cm^3

녹 는 점 2,477°C 끓 는 점 4,744°C

발견 연도 1801년

발 견 자 찰스 해쳇(영국)

▲ 녹색을 띤 중앙의 나이오븀과 은으로 만들어진 기념 동전. 나이오븀은 양극 산화로 다채로운 빛을 발합니다. (호주 제작)

▲ 아폴로 15호. 로켓 엔진의 노즐은 나이오븀과 타이타늄 합금으로 이뤄져 있습니다.

이용 방법

- 엔진 로켓
- 자기 부상 열차의 자석
- 콘덴서 등

초전도 소재로 활약하는 원소

부드럽고 가공하기 쉬운 금속입니다. 주요 산지는 브라질로 80%를 점유하고 있습니다. 나이오븀을 철강에 첨가하면 내열성이나 강도가 증가하기 때문에 자동차 몸체나 파이프 라인, 배, 다리, 발전소의 터빈 등에 이용됩니다. 또한, 타이타늄과의 합금은 약 −263℃ 이하의 극저온에서 전기 저항이 사라집니다. 단일 금속으로는 고온에서 최고의 '초전도체'가 되고 가공하기도 쉬워, 자기 부상 열차나 의료 진단용 MRI 장치에 필요한 초전도 자석 코일로 사용되고 있습니다. 원소 이름은 그리스 신화의 제우스의 손녀 이름 '니오베(Niobe)'에서 유래했습니다.

원자번호	42
Mo	Molybdenum
□ 전이 금속	원소주기표

몰리브데넘

상온 상태: 고체

녹는점이 높은 은백색의 금속

주요 물질 휘수연석 등

원 자 량 95.95 밀 도 10.28g/cm^3

녹 는 점 2,623℃ 끓 는 점 4,639℃

발견 연도 1781년

발 견 자 페테르 야코브 이엘름(스웨덴)

▲ 은색으로 빛나는 부분이 이류화 몰리브데넘의 주요한 광석인 휘수연석입니다.

▲ 몰리브데넘을 첨가하면 강도가 증가하므로 다양한 기계 부품에 사용됩니다.

이용 방법

- 몰리브데넘강
- 인주
- 세라믹 히터 등

강철을 고기능화하는 첨가 원소

몰리브데넘은 아주 딱딱하고 순수한 상태에서는 가공이 어려운 금속입니다. 희소 금속으로 분류되며, 대부분 중국에서 수입하고 있습니다. 주로 스테인리스강 등의 합금이나 첨가제로 이용됩니다. 크롬몰리브데넘강은 강도가 강하고, 적당히 휘어지면서 용접도 하기 쉬워 자동차의 틀(뼈대)이나 항공기, 로켓의 엔진까지 폭넓게 사용되고 있습니다. 또한, 인체 필수 원소로 요산 생성이나 혈액을 만드는 작용 등에 관여하고 있습니다. 원소 이름은 원료가 납의 광물과 닮아 그리스어 '납(molybdos)'에서 유래했습니다.

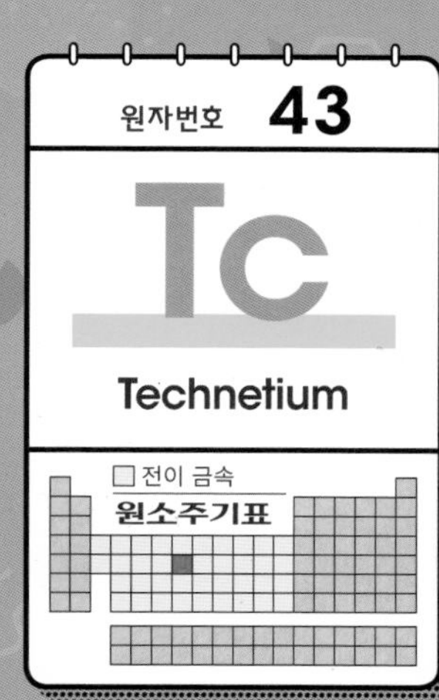

원자번호 43
Tc
Technetium
전이 금속
원소주기표

테크네튬

상온 상태 **고체**

은백색의 전이금속

주요 물질 인공 방사성 원소(비천연) 등

원 자 량 (98) **밀 도** 11.5g/cm^3

녹 는 점 2,157°C **끓 는 점** 4,265°C

발견 연도 1937년

발 견 자 에밀리오 세그레, 카를로 페리에르(이탈리아)

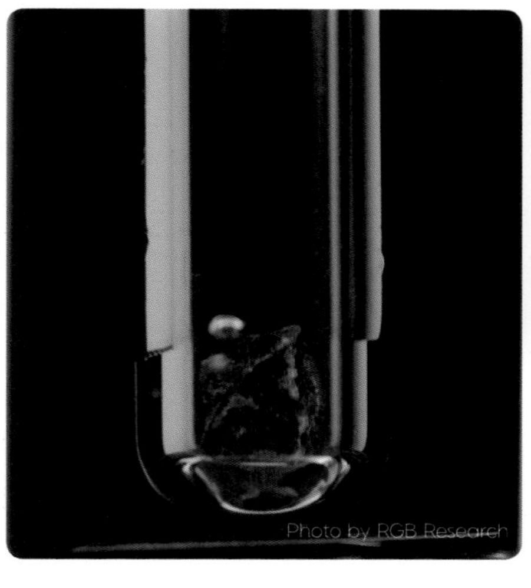

◀ 백금과 닮은 외관을 지닌 은백색의 방사성 금속.

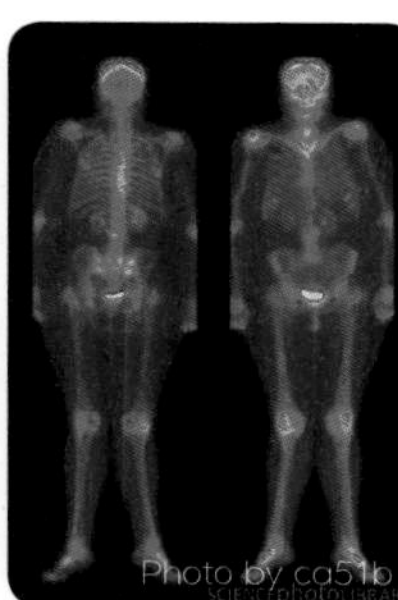

◀ 방사성 진단 약으로 테크네튬이 사용된 신티그램. 뼈의 이상 부위(적색)에 밀집해 있는 것을 알 수 있습니다.

이용 방법

- 뼈 영상 조영제
- 혈류 측정재 등

세계 최초의 인공 방사성 원소

물리학자 세그레와 그 동료들에 의해, 몰리브데넘에서 만들어진 인류사상 최초의 인공 원소입니다. 지구 탄생 때 자연계에 존재하고 있었는데, 방사선을 방출하면서 부서지기 때문에 아득히 먼 옛날에 대부분 붕괴했습니다. 원자로 내에서 만들어지는 한편, 우라늄 광물 안에서 소량의 천연 테크네튬이 발견되고 있습니다. 동위체는 20종류 이상 있으며, 모두 다 방사성입니다. 테크네튬의 방사선 방출 성질은 방사선 검사로 암 진단이나 뇌혈관 막힘을 측정하는 약제 등의 영상에 사용되며, 의료 현장을 떠받치고 있습니다. 원소 이름은 그리스어 '인공'에서 유래했습니다.

원자번호 44

Ru

Ruthenium

□ 전이 금속

원소주기표

루테늄

상온 상태 고체

은백색의 금속

주요 물질 라우라이트(laurite), 백금 광석 등

원 자 량 101.07 밀 도 $12.45 g/cm^3$

녹 는 점 2,334°C 끓는점 4,150°C

발견 연도 1844년

발 견 자 카를 크라우스(러시아)

44 Ru

제1주기 제2주기 제3주기 제4주기 제5주기 제6주기 제7주기

▲ 금속 루테늄은 '백금족'으로 불리고 있습니다.

▲ 루테늄은 하드디스크 드라이브에도 필수 금속입니다.

이용 방법

- 하드디스크
- 만년필의 펜촉
- 화학 반응의 촉매 등

하드디스크의 대용량화에 공헌

루테늄은 백금 광석에서 분리된, 은백색의 딱딱하고 무른 금속입니다. 반응성이 낮고(산화가 잘 안되고), 부식에 강한 성질을 지니고 있습니다. 오스뮴과의 합금은 마찰에 강해 고급 만년필 펜촉에, 백금류와의 합금을 통해 강도를 높여 사용하거나 장식품이나 전기 부품에 이용됩니다. 루테늄은 녹는점이 높고 자성을 갖고 있어 컴퓨터나 TV 등의 하드디스크 드라이브에 사용되고 있습니다. 기록층의 가장 아래에 사용함으로써 고밀도화, 기억 용량의 증대화에 성공했습니다. 원소 이름은 현재 러시아 서부와 동유럽의 라틴어 이름인 '루테니아(Ruthenia)'에서 유래했습니다.

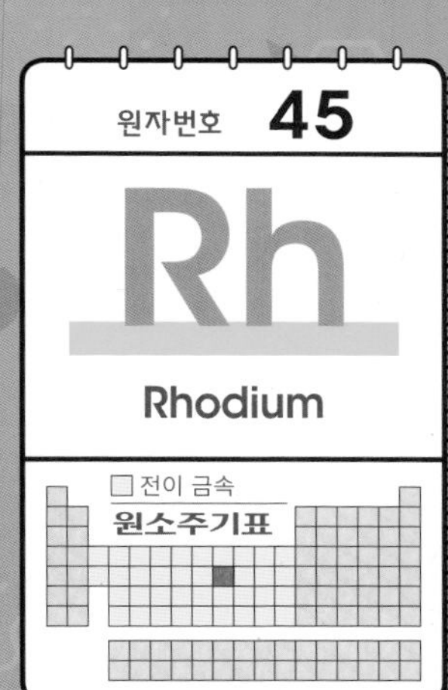

로듐

상온 상태 고체

은백색의 금속

주요 물질	백금 광석 등		
원 자 량	102.91	밀 도	12.41g/cm^3
녹 는 점	1,964℃	끓 는 점	3,695℃
발견 연도	1803년		
발 견 자	윌리엄 울러스턴(영국)		

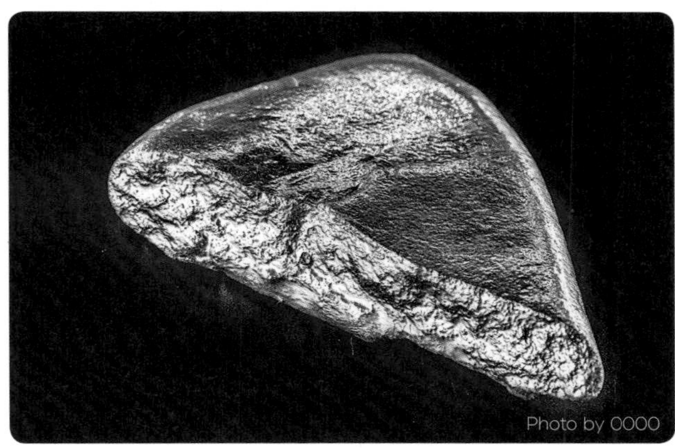

▲ 로듐은 전기 저항이 낮고 전기도 잘 통하기 때문에 전기 접점 재료에도 사용되고 있습니다.

◀로듐 도금은 금속 알레르기를 잘 일으키지 않는 것으로 알려져 있습니다.

이용 방법

- 자동차 배기가스 정화 촉매
- 전자회로
- 장식품 등

45 Rh
제1주기 제2주기 제3주기 제4주기 제5주기 제6주기 제7주기

고가의 장밋빛 귀금속 원소

로듐은 은백색으로, 은이나 백금에 비해 상당히 딱딱한 금속입니다. 연마하면 반사율이 높아져 은처럼 빛나게 됩니다. 그 때문에 고가의 귀금속 중 하나로 꼽히고 있습니다. 높은 반사율을 활용해 광학 기구, 카메라, 장식품의 도금 재료로 자주 이용됩니다. 또한, 로듐은 자동차 등의 배기가스에 함유된 질소 산화물을 질소나 산소로 바꿔 환경을 오염시키지 않도록 하는 역할도 합니다. 자동차의 배기관에 장착되는 촉매 변환 장치에 사용됩니다. 원소 이름은 발견됐을 때의 로듐염 용액의 색이 붉은 장밋빛을 띠고 있어, 그리스어의 '로돈(Rhodon)'에서 유래했습니다.

원자번호 46

Pd

Palladium

□ 전이 금속

원소주기표

팔라듐

상온 상태 고체

은백색의 부드러운 금속

주요 물질 백금 광석 등

원 자 량 106.42 밀 도 12.02g/cm^3

녹 는 점 1,555℃ 끓는점 2,963℃

발견 연도 1803년

발 견 자 윌리엄 울러스턴(영국)

▲ 원소 이름은 1802년 발견된 소행성 '팔라스(Pallas)'에서 유래했습니다.

▲ 팔라듐은 탄화수소, 일산화탄소, 질소산화물 3개를 제거하기 때문에 삼원 촉매라고 불립니다.

이용 방법

- 치과 치료용 금속
- 화학 반응의 촉매 등

수소를 잘 흡수하는 원소

팔라듐은 1년간 200톤 정도만 생산됩니다. 생산량이 아주 적은 귀중한 금속입니다. 주된 용도는 자동차 배기가스 정화용 등이며, 화학 반응 촉매로도 이용됩니다. 충치 치료에서 치아에 씌우는 '은니'는 금이나 은에 팔라듐을 섞은 금속으로 이뤄져 있습니다. 한편, 결혼반지 등으로 인기를 끌고 있는 '화이트 골드' 채색에도 사용됩니다. 팔라듐은 기체를 잘 흡수하는 금속 원소입니다. 특히 수소가스는 자신의 체적의 900배 이상의 양을 흡수하는 능력을 갖고 있습니다. 차세대 수소 에너지 활용을 위해 수소 저장 합금에 대한 연구도 진행되고 있습니다.

전성과 연성이 좋아 거의 모든 금속과 합금이 가능한 금속

팔라듐은 구리, 아연, 니켈을 정련하는 과정에서 부산물로 얻어지는 광택이 나는 은백색 금속으로 백금과 화학적 성질이 유사합니다. 팔라듐은 넓게 펴지거나 길게 늘어나는 전성과 연성이 좋아 거의 모든 금속과 합금이 가능합니다. 이러한 특성으로 인해 높은 가치를 가진 원소입니다.

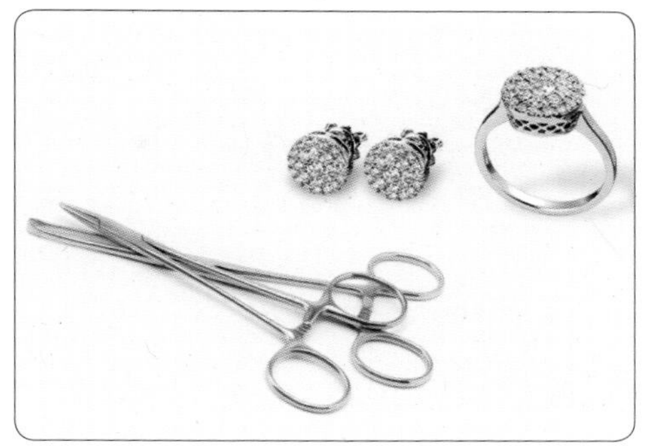

▲ 팔라듐 합금을 사용한 외과용 수술기구와 장신구

아이언맨 슈트에 장착된 아크 원자로의 필수 원료

영화 〈아이언맨〉의 아이언맨 슈트를 작동시키는 데 사용되는 핵융합 장치인 아크 원자로를 팔라듐으로 만들었다고 합니다. 영화에서 팔라듐은 핵융합에 필수적인 백금족 원소로 두 개 이상의 원자핵을 결합하여 더 무거운 원자핵과 에너지를 생성하는 역할을 합니다.

▲ 영화 〈아이언맨〉의 아크 원자로 모형

지혜의 여신 아테나도 모르는 아테나의 금속

원소 칼럼

1802년 독일의 천문학자 하인리히 올베르스는 새로운 소행성을 발견하고 '팔라스'라고 이름을 붙였습니다. 팔라스는 그리스 신화에 등장하는 지혜의 여신 '아테나'의 다른 이름입니다. 이듬해인 1803년 윌리엄 하이드 울러스턴은 새로운 금속의 이름을 소행성 '팔라스'에서 이름을 따와 팔라스의 금속이라는 의미로 '팔라듐'이라고 이름을 지었습니다. 이렇게 아테나도 모르는 아테나의 금속 '팔라듐'이 탄생하게 되었습니다.

상온 상태 고체

원자번호	47
Ag	Silver

□ 전이 금속
원소주기표

은

전기와 열전도성이 뛰어난 금속

주요 물질 자연은, 휘은석 등
원 자 량 107.868 **밀 도** 10.49g/cm^3
녹 는 점 961.78℃ **끓 는 점** 2,162℃
발견 연도 고대부터 알려짐
발 견 자 불명

◀ 은과 인류의 관계는 금보다도 역사가 더 오래됐으며, 귀금속으로 고대부터 화폐나 보석에 이용됐습니다.

이용 방법

- 액세서리
- 동전
- 식기
- 공예품
- 사진의 필름 등

강도나 내식성, 내열성이 뛰어난 원소

은은 모든 금속 가운데 빛의 반사율이 가장 큽니다. 전기와 열전도율도 금속 중에서 가장 높습니다. 연성도 뛰어나 금 다음으로 잘 늘어나는 금속입니다. 1g의 은은 2,000m까지 늘어날 수 있습니다. 부드럽고 가공하기 쉬워 고대부터 보석, 화폐, 식기, 거울 등에 이용됐습니다. 컴퓨터나 스마트폰 등 전자공학의 최첨단 분야에서도 사용하고 있습니다. 또한, 은 이온에는 살균 효과가 있는 것이 밝혀져, 은을 이용한 항균제나 살균제가 제품화되고 있습니다. 원소기호 'Ag'는 라틴어 '빛나다(argentum)'가 어원입니다.

고대에서는 금보다 더 고가의 금속

은의 역사는 금보다도 오래됐습니다. 기원전 4000년 나일강에서 채취됐다는 기록이 남아 있습니다. 고대 유럽에서 은은 금의 2.5배 정도 고가로, 현재와는 서열이 역전돼 있었습니다. 특유의 아름다운 광택을 갖고 있어 보석이나 은화, 식기에 사용됐으며, 투자 대상이기도 했습니다.

◀ 기원전 2400년경의 은제 화병. 은은 산화하기 쉽고, 대기 중의 유황분과 반응해 거무스름해지기 쉬운 성질이 있습니다.

살균·소독 작용을 지닌 은

은 이온은 강한 살균 작용을 갖고 있는 것으로 알려져 있습니다. 그 때문에 다양한 제조 회사에서 살균 제품이 발매되고 있습니다. 고대 이집트에서도 살균제로 이용됐다고 하는, 화합물인 질산은은 오늘날에도 안과용 살균제나 피부연고제 등에 이용됩니다.

▲ 제약 업계에서 사용되는 질산염 결정(질산염)

원소 칼럼

금속 알레르기가 적은 원소

염화은이나 브로민화은 등의 화합물은 카메라의 필름이나 인화지 재료로 이용됩니다. 세계 최초의 실용적인 사진 촬영 기술은 프랑스의 루이 자크 망데 다게르에 의해 발명된 은판사진입니다. '다게레오타입'으로 불리며, 구리 등으로 은도금한 판에 직접 포지티브 이미지를 만들어 내기 때문에 단 1장의 사진만 얻을 수 있습니다.

▲ 다게르의 초상 사진(1844년)

원자번호 48

Cd

Cadmium

□ 전이 금속

원소주기표

카드뮴

상온 상태 고체

은백색의 부드러운 금속

주요 물질 황화카드뮴, 섬아연석 등

원 자 량 112.414 밀 도 8.65g/cm^3

녹 는 점 321.07°C 끓는점 767°C

발견 연도 1817년

발 견 자 프리드리히 스트로마이어(독일)

▲ 99.999%의 카드뮴 금속. 주기율표에서 바로 위에 있는 아연과 성질이 비슷합니다.

▲ 카드뮴의 화합물을 안료로 한 황색이나 적색의 물감이 있습니다.

이용 방법

- 전지
- 물감
- 합금
- 전자공학 재료 등

공해병의 원인 물질이 됐던 원소

카드뮴은 니켈과 조합하면 니켈-카드뮴(니카드) 전지의 재료가 됩니다. 유화 카드뮴은 카드뮴 이온이라는 황색의 안료로도 사용됩니다. 카드뮴은 장기간 섭취하면 인간에게 유해한 물질입니다. 과거 일본의 도야마현 진즈강 하류 지역에서 정련 공장의 카드뮴 배출이 원인이 돼 이타이이타이병이라는 공해병이 발생했습니다. 독성이 인체나 환경에 악영향을 미칠 우려가 있어, 생산은 점차 감소하고 있습니다. 원소 이름은 발견된 광물의 그리스어 이름인 '카드메이아(Kadmeia)'에서 유래했습니다.

인듐

상온 상태 고체

은백색의 부드러운 금속

주요 물질 섬아연석, 방연석, 철광석 등

원 자 량 114.82 밀 도 7.31g/cm^3

녹 는 점 156.6℃ 끓 는 점 2,072℃

발견 연도 1863년

발 견 자 테오도르 리히터, 페르디난트 라이히(독일)

▲ 인듐은 은백색의 부드러운 희소 금속입니다. 공기 중에서는 표면에 피막을 만들어 안정적입니다.

▲ 액정 디스플레이의 투명 전극층은 백라이트와 필터 사이에 있습니다.

이용 방법

- 액정 디스플레이
- 발광다이오드
- 반도체 등

반도체 산업에 필수 불가결한 희소 금속

인듐은 부드럽고 녹는점도 낮은 금속입니다. 용도는 액정 디스플레이의 투명 전극이 잘 알려져 있으며, 반도체 소재로 산업에 필수 불가결한 희소 금속입니다. 재료로 사용되는 것은 산화인듐에 산화 가스를 첨가한 산화 인듐 주석(ITO)으로, 투명한 전기를 통하게 하는 물질입니다. 일부 금속과 혼합하면 녹는점이 낮아지므로 납이 첨가되지 않는 땜납을 만드는데 사용됩니다. 현재 중국이 최대 생산국입니다. 원소 이름은 발견됐을 때 빛의 색깔이 청람색이어서, 남색을 뜻하는 라틴어 'Indicum'를 따 명명됐습니다.

원자번호 50

Sn

Tin[Stannum]

전이후 금속

원소주기표

주석

상온 상태 고체

연성과 점성이 뛰어난 은백색의 금속

주요 물질 주석석 등

원 자 량 118.710

밀 도 7.265g/cm^3(백색 주석)

5.769g/cm^3(회색 주석)

녹 는 점 231.93°C

발견 연도 고대부터 알려짐

끓는점 2,602°C

발 견 자 불명

▲ 남아메리카에서 채굴된 순수한 주석 광석. 13.2°C 이하의 저온이 되면 물러지고 회색의 물질로 변해 버립니다.

◀강판에 주석 도금한 양철 장난감. 양철은 통조림 캔 등으로도 친숙합니다.

이용 방법

- 통조림
- 납땜
- 파이프오르간
- 청동(식기, 불교용품) 등

합금이나 도금에 폭넓게 이용되는 소재

주석은 부드럽고 녹는점이 낮은 금속입니다. 주석은 고대부터 인류에게 친숙한 금속으로 구리와 함께 청동 시대를 구축했습니다. 주석은 아름답고 미세 가공도 쉽습니다. 구리와의 합금은 청동(브론즈)이라고 불립니다. 강철에 도금해 부식을 막은 것은 '양철', 납과의 합금은 '납땜'이라고 합니다. 주석 합금은 색감이 독특하고 음향이 뛰어나 파이프오르간이나 범종 등의 재료로도 사용됩니다. 한편, 유기 가스 화합물은 독성이 강해 사용이 제한되고 있는 화합물입니다. 원소기호는 라틴어의 주석을 뜻하는 'Stannum'에서 유래했습니다.

원자번호 51

Sb

Antimony[Stilbium]

준금속

원소주기표

안티모니

상온 상태 고체

은백색의 부드러운 금속

주요 물질 휘안석 등

원 자 량 121.760 밀 도 6.697g/cm^3(상온 근처)

녹 는 점 630.63°C 끓는점 1,635°C

발견 연도 고대부터 알려짐

발 견 자 불명

▲ 휘안석은 안티모니의 유화 화합물입니다. 구약성서에도 등장할 정도로 오래전부터 친숙한 준금속입니다.

◀이집트의 클레오파트라는 아이섀도로 유화안티모니를 애용했습니다.

이용 방법

- 연축전지의 전극
- 활자 금속
- 난연제 등

합금이나 난연제로 이용되는 준금속

안티모니는 준금속으로 불리며, 반도체와 가까운 성질을 갖고 있습니다. 납과 안티모니의 합금은 연축전지의 전극에 사용됩니다. 납에 주석과 안티모니를 섞은 합금은 과거 활판인쇄의 활자로 사용됐습니다. '삼산화 안티모니'는 합성수지나 고무섬유 등에 첨가해 연소를 막는 난연제로 이용됩니다. 이외에도 납땜 합금의 재료, 반도체 재료의 첨가물 등이 있습니다. 또한, 안티모니 화합물은 고대로부터 주로 미용 용도로 쓰였습니다. 원소명 유래는 여러 설이 있는데, 그리스어의 '싫어하다(anti)', '고독(monos)' 등입니다.

원자번호 52

Te

Tellurium

준금속

원소주기표

텔루륨

상온 상태 고체

은백색을 띠는 준금속

주요 물질 자연 텔루륨, 실바나이트 등

원 자 량 127.60 밀 도 6.24g/cm^3

녹 는 점 449.51°C 끓는점 988°C

발견 연도 1782년

발 견 자 프란츠 요제프 뮐러 폰 라이헨슈타인(오스트리아)

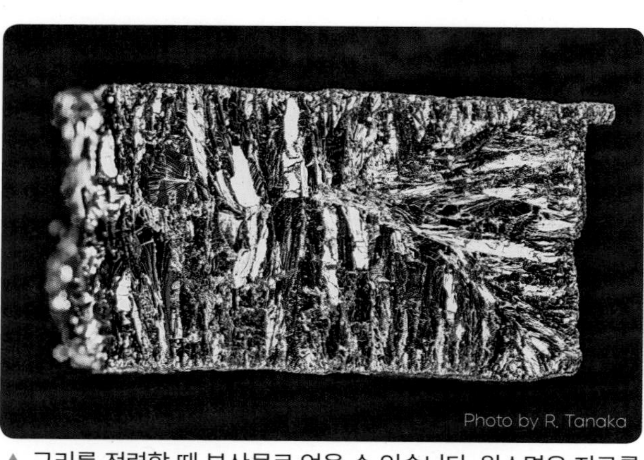

▲ 구리를 정련할 때 부산물로 얻을 수 있습니다. 원소명은 지구를 뜻하는 라틴어 'Tellus'에서 유래했습니다.

▲ DVD-RW의 기록층에는 텔루륨 합금이 사용되고 있습니다.

이용 방법

- DVD
- 손목시계
- 유리 등의 착색제
- 와인셀러 등

'지구'라는 이름을 부여받은 원소

텔루륨은 깨지기 쉬운 은백색의 준금속으로 주석과 비슷한 모습입니다. 화학적으로는 셀레늄이나 황과 비슷하며, 지구보다 우주에서 더 흔히 존재합니다. 특히 지각에서는 백금과 비슷한 정도로 그 존재량이 적으며, 독성이 강한 금속입니다. 또한, 체내에 흡수되면 숨을 들이쉴 때 마늘 냄새가 납니다. 텔루륨은 1782년 오스트리아-헝가리 제국의 프란츠 요제프 뮐러 폰 라이헨슈타인이 텔루륨과 금을 포함한 광석에서 처음 발견하였습니다. 이후 1798년 마르틴 하인리히 클라프로트가 라틴어로 '지구'를 뜻하는 tellus에서 이름을 따 '텔루륨(tellurium)'이라는 이름을 붙였습니다.

비결정질 성질로 기록 매체의 기록층에 사용

현재 텔루륨은 주로 구리나 납을 제련하는 과정에서 얻습니다. 도자기나 에나멜, 유리 등에 적색이나 황색을 낼 때의 착색제, CPU의 전자 냉각기 등에 사용됩니다. 또한, 열을 가하면 결정 구조가 바뀌는 '비결정질(아모르퍼스)'의 성질을 갖고 있어, DVD나 블루레이 디스크 등의 기록층에 이용되고 있습니다.

▲ 대면적 기판 위에 합성된 2차원 전이 금속 텔루륨화 화합물을 묘사한 모식도

제베크 효과와 펠티에 효과에 탁월한 효과를 발휘

서로 다른 금속이나 반도체를 접속시켜서 온도 차를 주면 전기가 흐르는 현상을 '제베크 효과(열전 효과)', 반대로 전류를 흐르게 하면, 한쪽에서는 열을 방출하고 다른 한쪽은 열을 흡수하는 '펠티에 효과(열전 효과)'라고 합니다. 텔루륨은 이 2개의 현상을 가진 '열전 변환 소자'로 이용되고 있습니다.

▲ 텔루르화 카드뮴(CdTe) 태양전지

텔루늄 발견의 공로를 사양한 클라프로트

원소 칼럼

마르틴 하인리히 클라프로트는 독일의 화학자로서 분석화학과 광물학에 큰 기여를 하였고, 정량적 분석을 크게 강조하였습니다. 우라늄, 지르콘을 처음으로 발견하였고, 타이타늄이란 이름을 지었습니다. 이들 물질을 독립된 금속 형태로 분리해 내지 못하였지만 독립된 화학 원소로는 인식하였다. 또한, 텔루륨 원소의 이름을 지었고, 그 원소의 발견에 대한 공로는 라이헨슈타인에게 돌렸습니다.

원자번호 53

I

Iodine

이원자 분자 비금속

원소주기표

아이오딘(요오드)

상온 상태 고체

광택이 있는 흑자색의 고체

주요 물질 해조 등

원 자 량 126.904 밀 도 4.933g/cm^3(상온 근처)

녹 는 점 113.7℃ 끓 는 점 184.3℃

발견 연도 1811년

발 견 자 베르나르 쿠르투아(프랑스)

◀ 홑원소 물질의 아이오딘은 광택이 있는 흑자색의 비금속 결정성의 고체입니다.

이용 방법

- 소독약
- 가글제
- 할로젠 램프
- 전도성 중합체

소독이나 구세액으로 친숙한 원소

아이오딘은 매장량이 풍부한 몇 안 되는 자원 중 하나입니다. 아이오딘을 가열하면 고체에서 직접 기체로 변하는 성질이 있습니다. 소독 때 사용되는 에탄올 용액의 아이오딘 팅크나 가글제에 사용됩니다. 또한, 전분 검출용 아이오딘 용액 등에 함유돼 있어 비교적 친근한 존재입니다. 아이오딘은 인체 필수 원소 중 하나입니다. 갑상샘 호르몬을 합성하는 데 필요하고 신체 발육도 촉진하지만, 과다 섭취는 좋지 않습니다. 또한, 원자 번호가 크고 유기화합물과 쉽게 결합하는 특징이 있어 비독성 조영제로 선호됩니다. 원소 이름은 보라색을 뜻하는 그리스어 'iodos'에서 유래했습니다.

할로겐 램프의 수명과 효율성을 높여 주는 원소

할로겐 램프는 진공 상태의 전구 안에 브로민이나 요오드를 넣어 수명과 효율성을 높인 전구입니다. 백열전구보다 수명이 3배가량 길고, 그을음이 생기지 않습니다. 또한, 색상이 선명하고 크기가 작아 백열전구를 대체하고 있습니다.

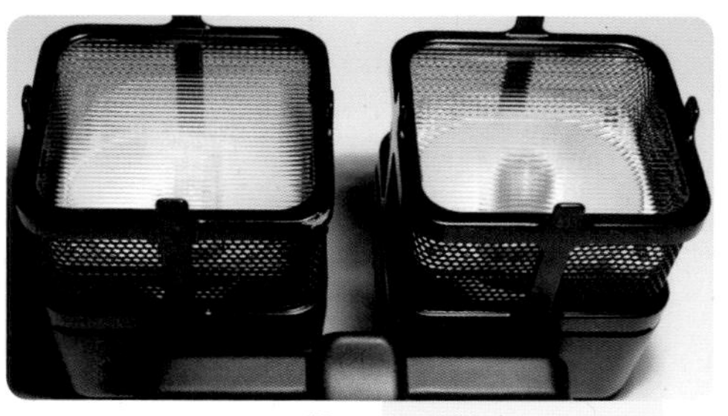

▲ 할로겐 램프

아이오딘을 많이 함유한 식품

아이오딘은 해조류에 많이 함유돼 있습니다. 특히 다시마, 미역, 김에 많습니다. 중요한 식재료이기 때문에 아이오딘 결핍은 거의 없다고 합니다. 반대로 너무 많이 먹으면 갑상샘이 비대해져, 갑상샘 비대증 등의 원인이 되기 때문에 과잉 섭취에 주의하는 편이 좋을 것 같습니다.

◀ 쿠르투아는 해조를 태운 재에서 아이오딘을 발견했습니다.

보라색으로 승화하는 아이오딘

승화성이 있는 아이오딘과 모래의 화합물을 넣은 뒤, 그 위에 물이 든 둥근 바닥 플라스크를 놓고 비커를 가열하면 아이오딘만 승화합니다. 벽면에서 결정화하고, 비커 상부에 자색으로 빛나는 비늘 조각 모양의 결정이 부착됩니다. 아이오딘은 녹는점과 끓는점이 비교적 낮고, 고체를 가열하면 액체를 거치지 않고 바로 예쁜 보라색 기체가 됩니다. 이 보라색이 'iodos'의 어원이 됐습니다.

▲ 승화법에 의한 아이오딘 분리

원자번호 54

Xe

Xenon

비활성 기체

원소주기표

제논(크세논)

무색무취의 무거운 희가스

주요 물질	공기 중에 극히 소량 존재		
원 자 량	131.29	밀 도	5.894g/L
녹 는 점	-111.7℃	끓 는 점	-108.2℃
발견 연도	1898년		
발 견 자	윌리엄 램지, 모리스 트래버스(영국)		

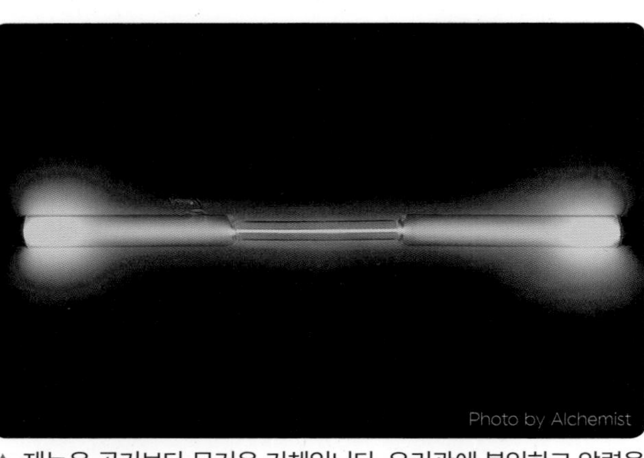

▲ 제논은 공기보다 무거운 기체입니다. 유리관에 봉입하고 압력을 가하면 청백색의 빛을 발합니다.

◀ 우주왕복선 발사에서 로켓 엔진 추진제로 사용됐습니다. 액체 수소는 상당히 가벼운 액체로, 연료가 됩니다.

이용 방법

- 제논램프
- 이온 엔진의 추진제
- 단열재 등

우주탐사선에도 사용된 원소

제논은 무색투명하고 무거운 기체의 희가스 원소입니다. 제논램프는 방전시키면 상당히 밝게 빛을 방출하기 때문에 자동차의 헤드라이트나 슬라이드 투영기, 내시경 등에 사용되고 있습니다. 필라멘트를 사용하지 않기 때문에 백열구 램프보다도 수명이 깁니다. 또한, 제논은 소행성에서 모래를 지구로 갖고 돌아온 우주탐사선(하야부사)의 이온 엔진 추진제로도 이용됐습니다. 분사 속도가 커 연료 효율이 좋은데, 일반 로켓 엔진보다 10배 이상이나 연비가 좋은 것으로 알려져 있습니다. 원소명은 이방인을 뜻하는 그리스어 'xenos'에서 유래했습니다.

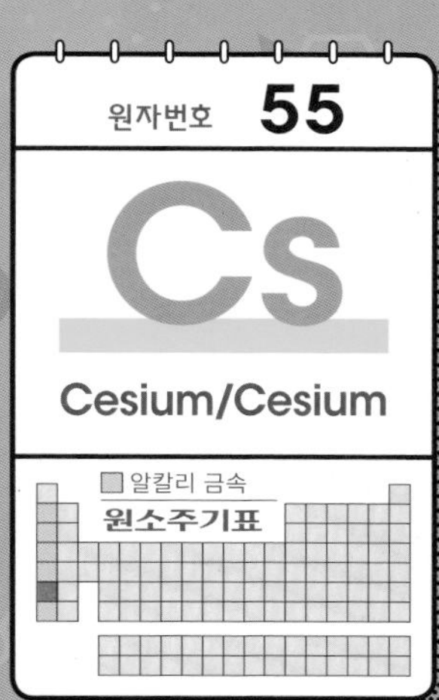

원자번호 55
Cs
Cesium/Cesium
알칼리 금속
원소주기표

세슘

상온 상태 **고체**

은백색의 부드러운 금속

주요 물질 폴루사이트, 홍운모 등

원 자 량 132.905 **밀 도** 1.93g/cm^3

녹 는 점 28.5°C **끓 는 점** 671°C

발견 연도 1860년

발 견 자 로베르트 분젠, 구스타프 키르히호프(독일)

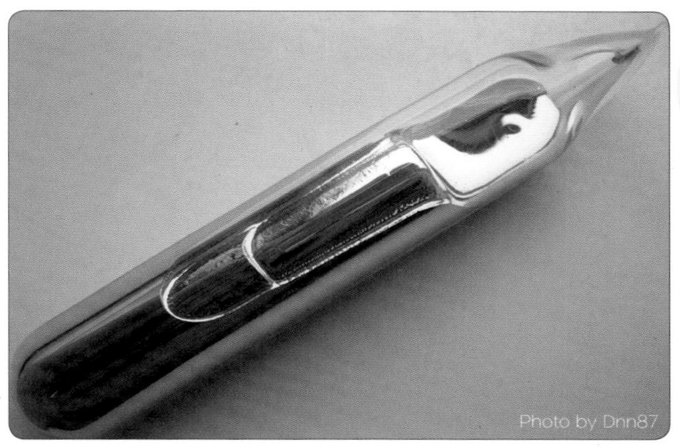

▲ 황색을 띠는 은백색의 세슘. 녹는점은 28.4°C로 따뜻한 날에는 녹아 액체가 됩니다.

▲ 세슘 원자시계의 오차는 3000만 년에 1초밖에 되지 않습니다.

이용 방법

- 원자시계
- 광전관
- 의료 등

1초의 시간을 나타내는 기준이 되는 원소

세슘은 반응성이 아주 높습니다. 저온에서도 물에 닿으면 소량일지라도 폭발합니다. 공기 중에 방치하면 자연 발화합니다. 39개의 동위체가 있으며, 유일한 안정 동위체인 세슘 133은 '원자시계'에 이용되고 있습니다. 세슘은 전자파가 닿으면 규칙적으로 변화합니다. 전자파 주기 변화의 정확함 때문에 국제적인 '1초'의 정의에 채택되고 있습니다. 한편, 2011년 후쿠시마 제1 원전 사고 때 방사성 세슘(세슘 134, 세슘 137)이 방출돼 큰 문제가 되고 있습니다. 원소명은 발견된 빛의 색 특징에서 라틴어로 파란색을 뜻하는 'caesius'에서 유래했습니다.

원자번호 56

Ba

Barium

□ 알칼리토 금속

원소주기표

바륨

상온 상태 **고체**

은백색의 부드러운 금속

주요 물질	중정석, 독중석 등		
원 자 량	137.30	밀 도	3.51g/cm^3
녹 는 점	727℃	끓는점	1,879℃
발견 연도	1808년		
발 견 자	험프리 데이비(영국)		

▲ 바륨의 주요 광석인 중정석의 결정. 성분은 황산바륨이며, 자외선을 비추면 형광 발광합니다.

▲ X선 촬영 때 마시는 조영제는 황산바륨에 증점제 등을 첨가한 것입니다.

이용 방법

- 불꽃의 녹색
- X선 촬영의 조영제 등

X선 검사로 친숙한 원소

바륨은 밀도가 크며, 화합물도 대부분 밀도가 큽니다. X선 검사 때의 흰 액체인 바륨을 연상할 수 있습니다. 이것은 황산바륨으로 위내시경 검사에서 조영제로 이용됩니다. X선이 투과되지 않고 불용성이기에 인체에 흡수되지 않습니다. 이 때문에 바륨을 마시면 위장의 형태를 명확하게 촬영할 수 있습니다. 한편, 대부분의 바륨 화합물은 독성을 가지고 있으며, 수용성이기 때문에 인체에 흡수되기 쉬워 사망에 이를 수도 있습니다. 불꽃 반응은 녹색이기 때문에 불꽃놀이용 불꽃의 재료로 사용됩니다. 원소 이름은 밀도가 높고 무거워서, 그리스어 '무겁다(barys)'에서 유래했습니다.

란타넘

상온 상태 고체

은백색의 부드러운 금속

주요 물질 모나즈석, 바스트네사이트 등

원 자 량 138.91 밀 도 6.162g/cm^3

녹 는 점 920°C 끓는점 3,463°C

발견 연도 1839년

발 견 자 칼 구스타프 모산데르(스웨덴)

▲ 99.9%의 금속 란타넘. 원소명은 좀처럼 발견되지 않았기 때문에 그리스어 '숨다(lanthanein)'에서 유래했습니다.

◀복수의 란타노이드가 섞인 미시메탈이 라이터의 발화석으로 사용되고 있습니다.

이용 방법

- 광학 유리 렌즈
- 수소 장착 금속
- 발화석 등

차세대 에너지 사회에서 활약하는 원소

란타넘족 원소 중 첫 원소입니다. 주기율표에서는 아래에 별도로 배치돼 있는 그룹 가운데, 상단에 해당하는 것이 란타넘족입니다. 이 그룹의 15원소는 희토류(rare earth)에 포함되며, 최첨단 기술 제품 제조에 없어서는 안 되는 원소로, 모두 다 같은 성질을 갖고 있습니다. 산화 란타넘은 세라믹 콘덴서나 높은 굴절률의 광학 렌즈에 이용됩니다. 니켈과의 합금은 니켈 수소 전지에 이용되며, 하이브리드 자동차의 연료 축전지에 활용하고 있습니다. 미시메탈과 철의 합금은 일회용 라이터의 발화석으로 사용됩니다.

원자번호 58

Ce

Cerium

□ 란타넘족(내부전이 금속)

원소주기표

세륨

상온 상태 고체

약간 누르스름한 은의 부드러운 금속

주요 물질	모나즈석, 바스트네사이트 등		
원 자 량	140.12	밀 도	6.71g/cm^3
녹 는 점	799°C	끓 는 점	3,442°C
발견 연도	1803년		
발 견 자	옌스 야코브 베르셀리우스, 빌렐름 히싱어(스웨덴)		

▲ 누르스름한 빛을 띤 세륨 금속. 반응성이 높고, 약 160°C에서 자연 발화합니다.

▲ 자외선 흡수 효과가 있어 자외선 방지 유리 등에 이용됩니다.

이용 방법

- 자동차 배기가스의 정화 촉매
- 유리를 닦는 재료
- 라이터의 발화석 등

란타넘족을 이끄는 리더

란타넘족 가운데 지각 중에 가장 많이 존재하는 원소입니다. 산화물은 유리의 연마제로 없어서는 안 되는 존재이고, 렌즈, 액정 패널, 전자 부품, 보석 등 다양하게 이용되고 있습니다. 또한, 유리에 첨가하면 자외선을 흡수하기 때문에 자외선 차단 선글라스나 자동차 유리에 이용되고 있습니다. 또 불순물로 섞여 있는 철을 산화해서 색을 없애 유리의 투명도를 향상시킵니다. 게다가 디젤 엔진의 촉매로도 이용되며, 배기가스에 포함된 미세먼지(PM)를 줄이기 때문에 배기가스 정화에 이용되고 있습니다. 원소 이름은 1801년 발견된 소행성 '세레스(Ceres)'에서 유래했습니다.

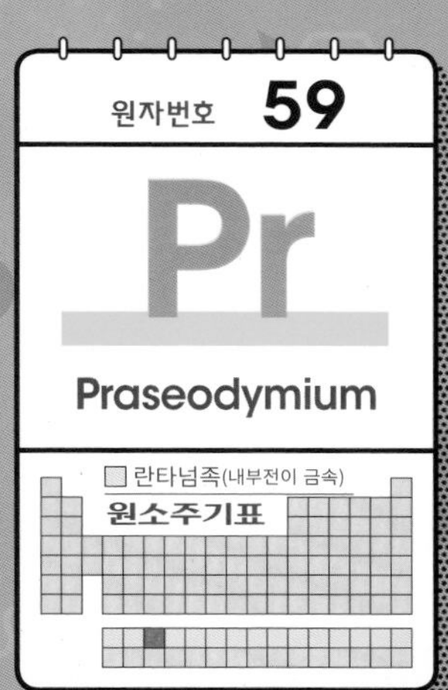

프라세오디뮴

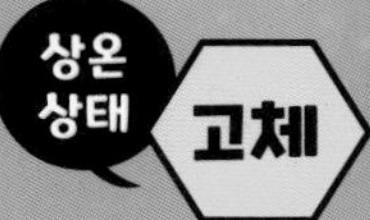

은색의 부드러운 금속

주요 물질 모나즈석, 바스트네사이트 등
원 자 량 140.91 **밀 도** 6.78g/cm^3
녹 는 점 930°C **끓 는 점** 3,520°C
발견 연도 1885년
발 견 자 칼 아우어 폰 벨스바흐(오스트리아)

▲ 프라세오디뮴 금속은 부드럽고, 산화하면 표면이 누런빛을 띱니다.

▲ 파란빛을 흡수하는 특성을 지닌 산화 프라세오디뮴은 용접 작업용 고글에 사용되고 있습니다.

이용 방법

- 도자기
- 유리 등의 황색 계열 안료

네오디뮴과 쌍둥이 원소

프라세오디뮴은 네오디뮴과 함께 발견된 금속입니다. 산화물이 주로 녹색이 되기 때문에 '녹색 쌍둥이'로 통합니다. 주로 안료나 도자기의 황색 계열 유약으로 활용됩니다. 공업용 용도는 항공기 엔진 재료의 합금, 광케이블의 신호 증폭 등입니다. 적외선을 흡수하기 때문에 용접 작업용 고글에도 사용됩니다. 이외에도 고가이긴 하지만 프라세오디뮴과 코발트를 주성분으로 한 프라세오디뮴 자석이 있으며, 녹이 잘 슬지 않고 강도가 높은 특성을 갖고 있습니다. 원소명은 그리스어 '녹색의 부추(prasios)'와 '쌍둥이(didymos)'에서 유래했습니다.

원자번호 60

Nd

Neodymium

□ 란타넘족(내부전이 금속)

원소주기표

네오디뮴

상온 상태 고체

은색의 부드러운 금속

주요 물질 모나즈석, 바스트네사이트 등

원 자 량 144.24 **밀 도** 7.00g/cm^3

녹 는 점 1,020℃ **끓 는 점** 3,074℃

발견 연도 1885년

발 견 자 칼 아우어 폰 벨스바흐(오스트리아)

▲ 부드러운 네오디뮴 금속은 공기 중에서 쉽게 산화하는데, 표면이 청색을 띤 회색이 됩니다.

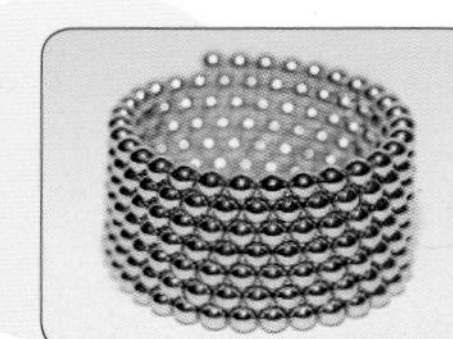

▲ 자력이 강한 네오디뮴 자석 알갱이를 붙여 만든 매개체

이용 방법

- 네오디뮴 자석
- 레이저 광원 재료
- 유리 착색 등

'최강 자석'의 원소

가장 강력한 영구자석인 네오디뮴 자석은 네오디뮴, 철, 붕소의 화합물이 재료입니다. 이 자석은 가공성이 양호하고 사마륨-코발트 자석이나 알니코 자석에 비해 가격이 저렴하지만, 녹이 잘 슬어 표면을 니켈로 도금하여 사용합니다. 온도계수가 낮아 열에 따라 자성이 쉽게 약해지는 것이 단점이 있습니다. 현재는 모터나 스피커, 헤드폰 등에 이용됩니다. 특히 컴퓨터 등에 사용되는 하드디스크 드라이브는 읽기·쓰기 시간이 종래의 3분의 1에서 5분의 1까지 단축하는 데 성공했습니다. 원소명은 프라세오디뮴과 함께 발견된 데서 '새로운 쌍둥이'를 의미합니다.

원자번호 61
Pm
Promethium
란타넘족(내부전이 금속)
원소주기표

프로메튬

은백색의 금속

주요 물질 인공 방사성 원소
원 자 량 (145) **밀 도** 7.22g/cm^3
녹 는 점 1,042°C **끓 는 점** 3,000°C
발견 연도 1945년
발 견 자 제이콥 마린스키, 로렌스 글렌데닌, 찰스 코옐(미국)

▲ 프로메튬 금속은 어떻게 보일까? 프로메튬 금속은 방사성이 너무 높아 실제 이미지를 만들 수 없습니다.

◀ 프로메튬을 함유한 야광 도료. 어둡고 파랗게 발광합니다.

이용 방법

- 원자력 전지
- 과거 형광등의 점등관 등

원자로 안에서 탄생한 원소

프로메튬은 자연 상태에서는 지구상에 거의 존재하지 않는 원소입니다. 핵분열 등에 의해 인공적으로 만들어지며, 란타넘족에서 유일한 방사성 원소입니다. 자연에서는 우라늄 광석 안에 극히 미량이 함유돼 있습니다. 방사성이 있어 어두운 곳에서 청백색의 형광을 발합니다. 옛날에는 시계의 바늘과 문자에 야광으로 이용된 사례가 있는데, 현재는 안전상의 이유로 거의 사용하고 있지 않습니다. 연구 외에는 우주탐사기의 원자력 전지 등에도 사용되고 있습니다. 원소명은 그리스 신화에 나오는 신 '프로메테우스(Prometheus)'에서 유래했습니다.

원자번호 62

Sm

Samarium

란타넘족(내부전이 금속)

원소주기표

사마륨

상온 상태 고체

고온에서도 자성을 유지할 수 있는 자석의 원료

주요 물질 모나즈석, 바스트네사이트 등

원 자 량 150.36 **밀 도** 7.52g/cm^3

녹 는 점 1,072°C **끓 는 점** 1,900°C

발견 연도 1879년

발 견 자 르코크 드 부아보드랑(프랑스)

▲ 원소명은 러시아의 광산 기사가 발견한 사마스카이트 광석에서 확인된 데서 명명됐습니다.

◀ 헤드폰

이용 방법

- 영구자석(하드디스크, 헤드폰, 스피커, 휴대전화 등)
- 연대 측정법 등

태양계의 연대 측정에도 사용되는 원소

현재 원소명으로는 남아 있지 않은 디디뮴에서 발견된 원소로, 강한 자성이 있습니다. 사마륨은 희토류에 속하는 원소로, 그 단단함이나 밀도가 아연과 비슷합니다. 사마륨-코발트 자석은 네오디뮴 자석의 등장으로 최강의 자석 자리를 내주었지만, 약 700℃까지의 고온 아래에서도 자력을 잃지 않고, 녹에도 강한 특징이 있어, 지금도 마이크로파 기기나 고온에서 사용되는 모터 등에 폭넓게 사용되고 있습니다. 또한, 방사성의 사마륨 147(147Sm)의 반감기(방사성 물질이 절반이 되기까지의 시간)는 1060억 년으로 길어서 태양계 탄생 때의 연대를 측정할 때도 사용되고 있습니다.

유로퓸

상온 상태 **고체**

삼원색의 적색과 청색의 형광을 발한다

주요 물질 모나즈석, 바스트네사이트 등

원 자 량 151.96 **밀 도** 5.264g/cm^3

녹 는 점 826°C **끓는점** 1,529°C

발견 연도 1896년

발 견 자 외젠 아나톨 드마르세(프랑스)

▲ 발견자인 프랑스 과학자 드마르세가 유럽(Europe) 대륙의 이름을 따 명명한 원소입니다.

▲ 컬러 TV 화면의 붉은색 발색

이용 방법

- 컬러 TV의 적색 형광체
- 형광 잉크 등

컬러TV의 선명한 적색을 연출

천연 경희토류 원소 발견 역사는 1804년 세륨 발견에서 시작돼, 1896년 유로퓸 발견으로 일단락됐습니다. 원자번호 51부터 71까지의 란타넘족 중에서도 가장 반응성이 풍부하며 공기 중에서는 산화하기 때문에, 진공이나 석유 안에 보존됩니다. 현재의 TV는 액정 패널이나 플라즈마 디스플레이 등에 주로 사용됩니다. 또한, 청색 발광다이오드와 조합해 백색 발광다이오드를 만드는 데도 응용되고 있습니다. 유로화에 유로퓸이 함유된 형광 염료가 사용되어 자외선을 비추면 밝은 붉은색으로 보이는 현상을 이용해 위조지폐를 감별하기도 합니다.

원자번호 64

Gd

Gadolinium

란타넘족(내부전이 금속)

원소주기표

가돌리늄

상온 상태 고체

모든 원소 가운데 중성자 흡수력이 최대

주요 물질	모나즈석, 바스트네사이트 등		
원 자 량	157.25	밀 도	7.90g/cm^3
녹 는 점	1,312℃	끓 는 점	3,273℃
발견 연도	1880년		
발 견 자	갈리싸드 드 마리낙(스위스)		

▲ X선 조영제인 바륨처럼, MRI 영상의 명도를 높이는 조영제로 사용되고 있습니다.

▲ 광자기 디스크(MO)

이용 방법

- 광자기 디스크(MO)
- 원자로의 제어재
- MRI 조영제 등

다양한 활용 분야

가돌리늄은 자성이 강합니다. 란타넘족 원소 15개 가운데 상온에서 유일하게 자성을 띱니다. 20℃를 넘으면 강한 자성을 상실합니다. 자기장을 가하면 열을 발산하고, 자기장을 제거하면 열을 흡수하는 성질을 이용해 냉장고에 사용되며, 환경이나 에너지 절약 측면에서 주목받고 있습니다. 이외에도 이 화합물은 조영제로 사용되며, MRI(자기 공명 영상법) 촬영 때 명암 대비가 명확한 영상을 얻는 데 활용하고 있습니다. 원소 이름은 희토류 원소를 처음 발견한 핀란드 화학자 가돌린의 공적을 기리기 위해 명명됐습니다.

터븀

상온 상태 **고체**

산화물은 녹색 형광을 발한다

주요 물질 모나즈석, 바스트네사이트 등

원 자 량 158.93 **밀 도** 8.23g/cm^3

녹 는 점 1,356°C **끓 는 점** 3,123°C

발견 연도 1843년

발 견 자 칼 구스타프 모산데르(스웨덴)

▲ 은백색의 부드러운 금속인 터븀은 공기 중에서 천천히 표면이 침식되며 산화물이 됩니다.

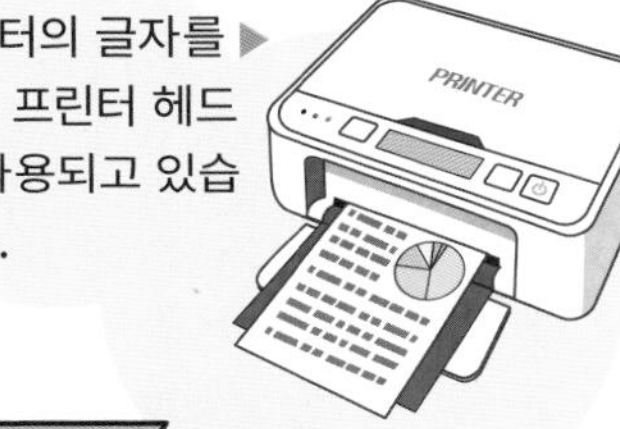

프린터의 글자를 찍는 프린터 헤드에 사용되고 있습니다. ▶

이용 방법

- 광자기 디스크
- 프린터 헤드
- 브라운관형 컬러 TV의 녹색 형광체 등

신축 특성이 있는 원소

셀리아를 세륨과 랜턴, 시디뮴으로 분리한 모산데르는 이트리아(이트륨)를 3개의 성분으로 분리하는 데 성공했습니다. 그중 하나가 터븀입니다. 이름은 원료가 된 광석을 채굴한 스웨덴의 마을 '이테르비'에서 유래했습니다. 터븀은 높은 온도에서 작동하는 연료 전지의 안정화 결정으로 쓰입니다. 터븀 산화물은 녹색 형광을 발하며, 플라즈마 TV나 주광색 형광등 등의 형광체에 사용되고 있습니다. 자기에 의해 신축하는 특성도 있습니다. '터븀–철–디스프로슘 합금'은 그 성질을 활용해 프린터의 프린터 헤드나 정밀 가공 기계 등에 사용되고 있습니다.

원자번호 66

Dy

Dysprosium

□ 란타넘족(내부전이 금속)

원소주기표

상온 상태 **고체**

디스프로슘

네오딤 자석의 보자력 향상

주요 물질 모나즈석, 바스트네사이트 등

원 자 량 162.50 **밀 도** 8.540g/cm^3

녹 는 점 1,407°C **끓 는 점** 2,562°C

발견 연도 1886년

발 견 자 르코크 드 부아보드랑(프랑스)

66 Dy

제1주기 제2주기 제3주기 제4주기 제5주기 제6주기 제7주기

▲ 은백색의 금속인 디스프로슘은 빛 에너지를 모아 발광체에 주는 역할을 하고 있습니다.

▲ 비상구의 피난유도등, 루미노바를 사용한 제품이 있습니다.

이용 방법

- 형광 도료
- 광자기 디스크
- 자석의 첨가제 등

빛을 축적하는 성질을 가진 원소

원소명은 그리스어로 '접근하기 힘들다'는 뜻에서 유래했습니다. 발견자인 프랑스 화학자 부아보드랑은 재결정을 몇 번이나 반복한 끝에 홀뮴에서 디스프로슘을 분리하는 데 성공했습니다. 밝은 은백색을 띠는 원소이며 칼로 자를 수 있을 정도로 무르고 연하며 내열성이 뛰어납니다. 빛을 축적하는 성질을 이용해 축광성 물질(루미노바)이 개발됐습니다. 또한, 예전 사용됐던 방사성 유래의 야광 도료와 달리, 라듐 등의 방사성 원소를 함유하지 않는 것이 큰 특징입니다. 안전한 발광 물질로 비상구의 피난유도등이나 경고 표지판 등 여러 분야에 활용되고 있습니다.

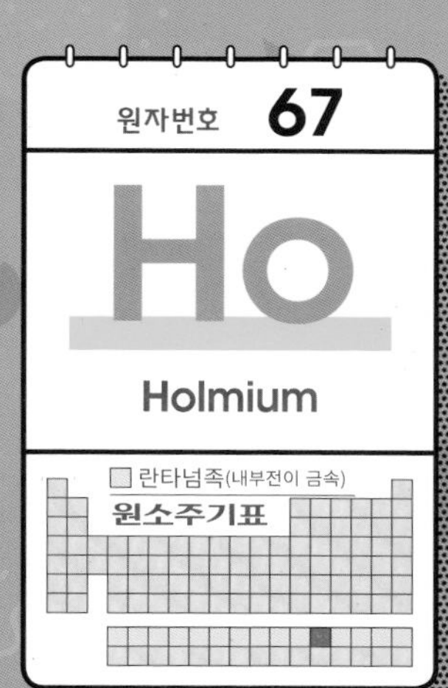

홀뮴

상온 상태 **고체**

다른 원소를 첨가하면 특성 있는 레이저 빛이 발생

주요 물질 모나즈석, 바스트네사이트 등

원 자 량 164.93 **밀 도** 8.79g/cm³

녹 는 점 1,461°C **끓 는 점** 2,600°C

발견 연도 1879년

발 견 자 페르 테오도르 클레베(스웨덴)

▲ 원소명은 스웨덴 수도 스톡홀름의 라틴어 옛 이름인 Holmia(홀미아)에서 유래했습니다.

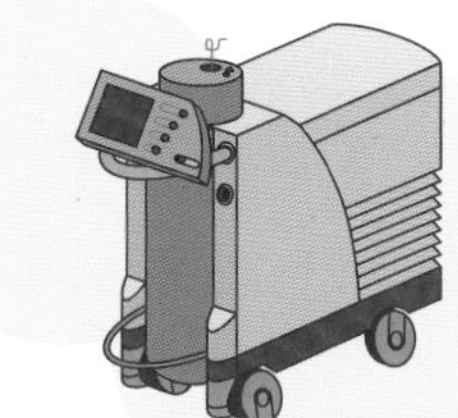

▲ 의료용 레이저(HO : YAG 레이저)

이용 방법

- 의료용 레이저 (HO : YAG 레이저)
- 착색 유리 등

외과 수술 레이저 메스로 사용된다

스웨덴 화학자 클레베에 의해 1879년 어븀 산화물에서 툴륨과 함께 추출됐는데, 추출 당시에는 불순물을 함유하고 있었습니다. 그 후 1911년 디스프로슘이 추출하면서, 순수한 홀뮴도 얻을 수 있었습니다. 란타족 중에서도 희소하고 고가인 홀뮴은 일반적인 이용 사례가 적은 원소입니다. 광섬유 레이저의 코어에 첨가하여 활용하고 있습니다. 홀뮴 YAG 레이저를 사용한 외과 수술에서는 환부 절개와 동시에 지혈도 해 출혈을 적게 할 수 있다는 이점이 있어, 레이저 치료에 없어서는 안 되는 원소로 평가받고 있습니다.

원자번호 68

Er

Erbium

☐ 란타넘족(내부전이 금속)

원소주기표

상온 상태 고체

어븀

빛을 통과시키면 빛이 강해진다

주요 물질 모나즈석, 바스트네사이트 등

원자량 167.26 **밀도** 9.07g/cm³

녹는점 1,529°C **끓는점** 2,868°C

발견 연도 1843년

발견자 칼 구스타프 모산데르(스웨덴)

▲ 스웨덴 탄광촌 이테르비(Ytterby)에서 원료 광석이 산출되며, 그 이름을 따 명명됐습니다.

▲ 광섬유

이용 방법

- 광섬유의 첨가제
- 색유리
- 보호용 안경 등

광섬유의 신호를 증폭시켜 전달

터븀과 함께 이트리아(이트륨)에서 분리된 원소입니다. 터븀은 자성체로 귀중하고, 어븀은 광학 분야에 중요한 원소입니다. 특히 광섬유 첨가제로 활용되기 때문에 정보통신에 꼭 필요한 원소입니다. 광섬유 소재인 석영 유리는 투명도가 높은데, 거리가 멀어지면 전송되는 빛이 약해집니다. 그 단점을 보완하는 데 사용되는 것이 어븀을 첨가한 광섬유(EDF)입니다. 어븀은 빛을 통과시키면 빛이 강해지는 성질을 갖고 있습니다. EDF를 일정 간격으로 설치하면 전송 거리를 1,000km 이상으로 늘릴 수 있습니다. 또한, 어븀을 활용한 YAG 레이저는 의료 및 미용 분야에서도 활발하게 이용되고 있습니다.

툴륨

상온 상태 고체

존재량이 아주 적은 희토류 원소

주요 물질 모나즈석, 바스트네사이트 등

원 자 량 168.93　　**밀 도** 9.32g/cm^3

녹 는 점 1,545°C　　**끓 는 점** 1,950°C

발견 연도 1879년

발 견 자 페르 테오도르 클레베(스웨덴)

▲ 이름은 여러 설이 있는데, 스칸디나비아반도의 옛 지명 툴레(Thule)에서 유래했다는 설이 유력합니다.

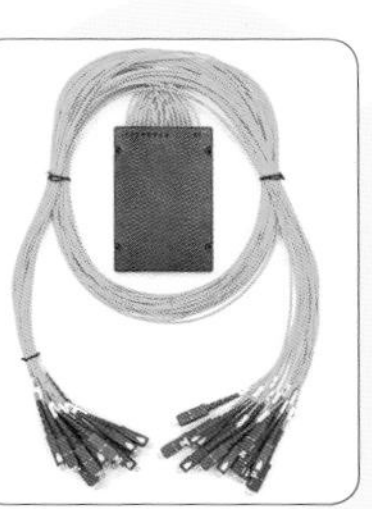

◀ 광파이버 앰프

이용 방법

- 광섬유 증폭기
- 레이저 첨가제
- 방사선량계 등

S밴드의 빛을 증폭할 수 있는 원소

시어도어 리처즈는 브롬산 툴륨을 1만 5,000번이나 재결정을 거듭해 정밀하게 원자를 측정했는데, 툴륨을 포함한 30개가 넘는 원소의 원자량을 정밀하게 측정했습니다. 이 공로를 인정받아 1914년 미국인 최초로 노벨 화학상을 수상했습니다. 툴륨은 어븀과 마찬가지로 광섬유 등의 첨가제로 사용되고 있습니다. 어븀이 대응하지 못하는 파장대(S밴드)의 빛을 증폭할 수 있고, 광섬유의 전송 용량을 늘릴 수 있어, 대량 데이터 통신을 매끄럽게 할 수 있게 됐습니다. 또한, 방사선을 측정하는 방사선 계측기에도 사용되고 있습니다.

원자번호	70
Yb	Ytterbium

란타넘족(내부전이 금속)

원소주기표

상온 상태 **고체**

이터븀

높은 발진 효율을 자랑하는 금속

- **주요 물질** 모나즈석, 바스트네사이트 등
- **원자량** 173.05
- **밀도** 6.90g/cm^3
- **녹는점** 824°C
- **끓는점** 1,196°C
- **발견 연도** 1878년
- **발견자** 갈리싸드 드 마리냑(스위스)

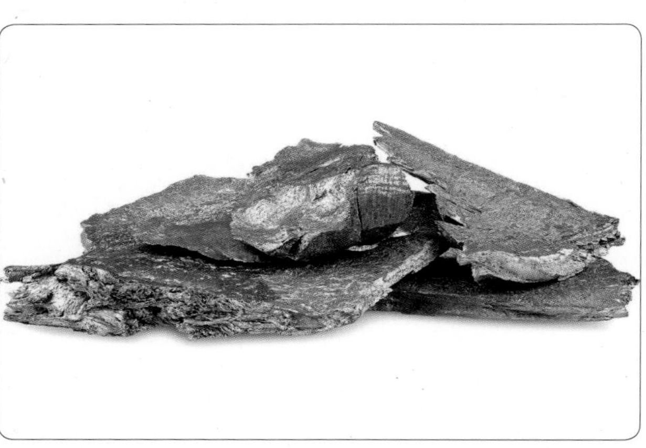

▲ 이터븀은 희토류 원소의 고향 이테르비에서 이름을 딴 4번째 원소입니다.

◀ 세라믹 콘덴서

이용 방법

- YAG 레이저의 첨가제
- 유리 착색제
- 세라믹 콘덴서 등

※ YAG 레이저 : 이트륨 · 알루미늄 · 가넷을 활용, 높은 에너지로 용접 · 절단 등을 할 수 있는 고체 레이저.

충격파를 측정하는 압력계로 활약

이터븀도 1794년 이트륨 발견에서 시작된 희토류 원소 중 하나입니다. 이름은 발견된 스웨덴의 작은 마을 이테르비에서 유래했습니다. 이외에도 이 마을에서 이름을 딴 원소는 이트륨, 터븀, 어븀이 있습니다. 이터븀은 압력 변화에 따라 전기 전도율이 변하는 특징이 있어, 지진이나 폭발 때 충격파를 측정하는 압력계에 활용되고 있습니다. 또한, 이터븀은 실리콘 광전지와 결합해 복사 에너지를 전기 에너지로 변환하는 시스템에도 쓰이며, 첨가제로 사용한 YAG 레이저는 고체 레이저 중에서 가장 널리 보급되어 있습니다.

루테튬

귀금속보다 고가의 금속

주요 물질 모나즈석, 바스트네사이트 등

원 자 량 174.97 **밀 도** 9.841g/cm^3

녹 는 점 1,652°C **끓 는 점** 3,402°C

발견 연도 1907년

발 견 자 조루주 위르뱅(프랑스), 카를 아우어 폰 벨스바흐(오스트리아)

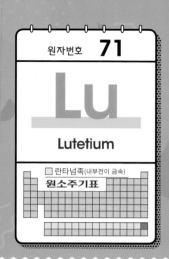

▲ 발견자 중 한 명인 위르뱅의 뜻에 따라 그의 고향인 프랑스 파리의 옛 이름 라틴어 Lutetia(루테티아)를 따서 명명됐습니다.

▲ PET의 섬광체

이용 방법

- PET의 섬광체
- 암석이나 운석의 연대 측정 등

가장 늦게 발견된 천연 희토류

루테튬은 인공적으로 만들어진 프로메튬을 제외한, 가장 마지막에 발견된 천연 란타넘족 원소입니다. 그 존재량은 아주 적고, 분리하는 데 시간이 많이 걸리기 때문에 '귀금속보다 고가의 금속'으로 일컬어지고 있습니다. 용도도 제한적입니다. 의료 분야에서 세륨 첨가 규산루테튬(Lu_2SiO_4)이 PET(양전자 단층 촬영)의 섬광체(scintillator)에 사용되고 있습니다. PET는 방사능을 이용해 몸 속의 암세포 위치를 영상화합니다. 이때 사용하는 섬광체(방사능을 만나 빛을 내는 물질)에 루테튬을 사용합니다. 또한, 고대 암석이나 운석 등의 연대 측정에도 이용되고 있습니다.

원자번호 72

Hf

Hafnium

□ 전이 금속

원소주기표

하프늄

상온 상태 고체

중성자 흡수율이 높다

주요 물질 지르콘, 하프논(Hafnon) 등

원자량 178.49 밀도 13.31g/cm^3

녹는점 2,223°C 끓는점 4,603°C

발견 연도 1923년

발견자 디르크 코스테르(네덜란드), 게오르크 헤베시(헝가리)

▲ 이름은 원소가 발견된 연구소가 위치했던 덴마크 수도 코펜하겐의 라틴명 Hafnial에서 유래했습니다.

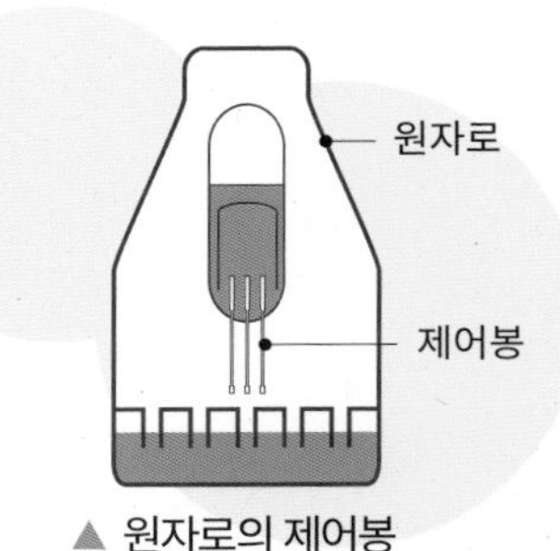

▲ 원자로의 제어봉

이용 방법

- 원자로의 제어봉
- 내화 세라믹 등

원자로 제어봉에 사용되는 금속 원소

하프늄은 지르콘 광석 안에 있으며, 지르코늄 부산물로 생산됩니다. 화학적 성질은 지르코늄과 비슷하면서도 완전히 정반대의 성질도 갖고 있습니다. 하프늄은 중성자 흡수율이 매우 높은 반면, 지르코늄은 중성자를 거의 흡수하지 않습니다. 그런 성질을 지닌 하프늄은 원자로의 제어봉에 사용되고 있습니다. 원자로 내의 중성자 양을 조절하고, 핵분열 진행을 제어하는 중요한 역할을 하고 있습니다. 고온, 고압에도 물과 잘 반응하지 않아서 안정성 면에서도 우수합니다. 플루오르화하프늄(HfF_4)은 플루오르화 유리 원료로 사용되고 있습니다.

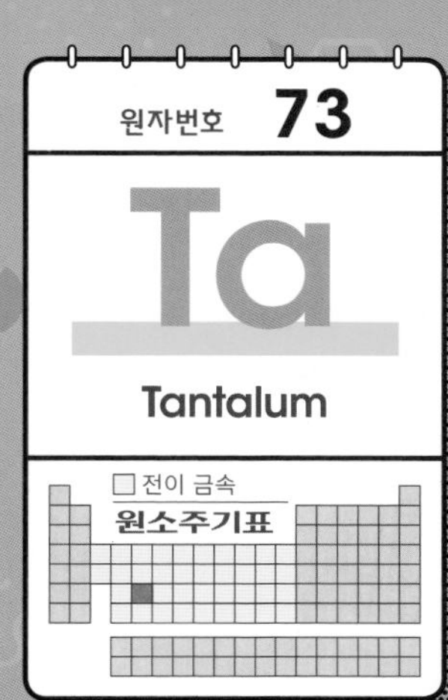

탄탈럼

상온 상태 고체

딱딱하고 내열성도 높은 금속

주요 물질	탄탈라이트, 사마스카이트 등		
원 자 량	180.948	밀 도	16.69g/cm^3
녹 는 점	3,017	끓 는 점	5,458°C
발견 연도	1802년		
발 견 자	안데르스 구스타프 에세베리(스웨덴)		

▲ 원소명은 그리스 신화에 등장하는 리디아 왕 Tantalus(탄탈로스)에서 유래했습니다.

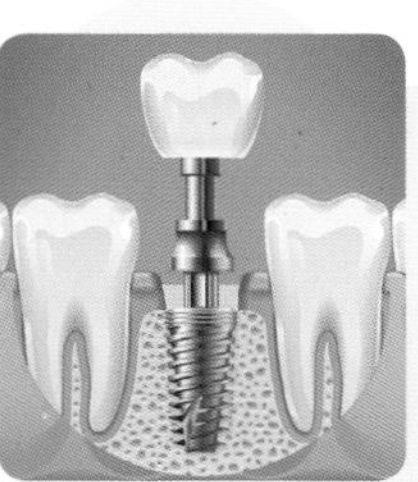
◀ 인공 뼈(치아의 임플란트)

이용 방법

- 전자 부품(콘덴서 등)
- 인공 뼈(치아의 임플란트)나 뼈 결합 볼트 등

인체에 미치는 영향이 작은 금속 원소

탄탈럼은 아주 튼튼한 금속입니다. 또한, 내열성도 높은 원소입니다. 금속 탄탈럼은 내산성(산에 잘 견디어 내는 성질)이 좋아 부식이 잘 안되고, 딱딱한 데도 두드리면 얇아지는 성질과 당기면 늘어나는 성질인 연성이 뛰어나기에 인공 뼈나 치과 임플란트 등 인체에 심는 의료 재료로 사용되고 있습니다. 또한, 전자기기에도 많이 활용되고 있습니다. 탄탈럼 분말을 굳혀서 만드는 탄탈럼 콘덴서는 전기를 잘 모아 소형화하기 쉽고, 고온이나 저온에 대한 내구성도 있어 경량화와 내구성이 요구되는 휴대전화 등 소형 전자기기에 이용되고 있습니다.

원자번호 74

W

Tungsten[Wolfram]

□ 전이 금속

원소주기표

텅스텐

상온 상태 **고체**

다른 금속과 혼합하면 딱딱해진다

주요 물질 회중석, 철망간중석 등

원 자 량 183.84 **밀 도** 19.25g/cm^3

녹 는 점 3,422℃ **끓 는 점** 5,930℃

발견 연도 1781년

발 견 자 칼 빌렐름 셸레(스웨덴)

▲ 원소명은 스웨덴어의 Tungsten(텅스텐)에서, 원소기호 W는 독일어 Wolfram(볼프람)에서 유래했습니다.

▲ 백열전구의 필라멘트

이용 방법

- 백열전구의 필라멘트
- 볼펜의 볼 등

백열전구의 필라멘트에 많이 사용

텅스텐은 금속 원소 중에서 가장 높은 녹는점을 갖고 있으며, 금속으로서는 비교적 전기 저항도 높은 원소입니다. 그 성질을 활용한 대표적인 이용 사례가 백열전구의 필라멘트(빛을 발하는 부분)입니다. 텅스텐은 산업이나 문화 발전에도 공헌했습니다. 필라멘트에 텅스텐을 이용하게 되면서 백열전구는 더욱 밝게 빛나고 수명도 길어졌기 때문입니다. 순수하게 생성된 텅스텐은 비교적 부드러운 금속인데, 화합물이나 합금은 아주 딱딱합니다. 탄화 텅스텐(WC)과 코발트 분말을 굳힌 것은 초경합금이라고 불리며, 기계 재료 등에 이용되고 있습니다.

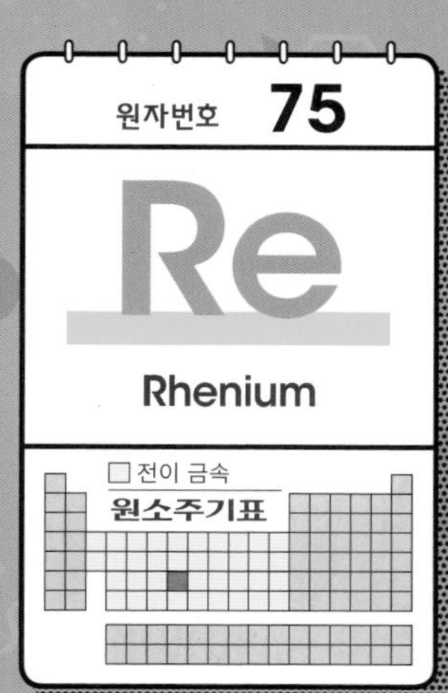

레늄

상온 상태 고체

합금하면 내열성이 높아진다

주요 물질	휘수연석 등		
원 자 량	186.207	밀 도	21.02g/cm^3
녹 는 점	3,186°C	끓 는 점	5,630°C
발견 연도	1925년		
발 견 자	발터 노다크, 이다 노다크, 오토 베르크(독일)		

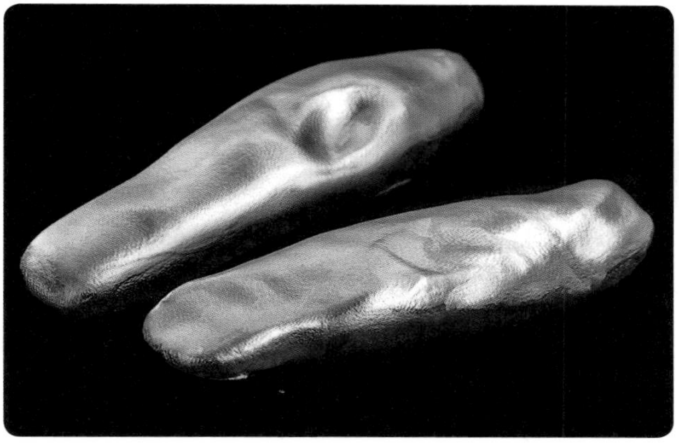

▲ 원소명 레늄은 독일에 흐르는 라인강의 라틴어 Rhenus에서 유래했습니다.

◀ 비행기의 제트 엔진

이용 방법

- 합금해서 비행기의 제트 엔진
- 열전대
- 수소화 촉매 등

희소 금속 중에서도 놀라울 정도로 다양한 용도로 사용

레늄은 '희소 금속(Rare Metal)' 중에서도 특히 희소한 금속 원소입니다. 희소 금속이란 지구상에서 천연 상태로는 매장량이 매우 소량이거나 물리·화학적으로 금속 형태로 추출하기 힘든 특성을 가진 금속 원소입니다. 이러한 희소 금속 원소 중에서도 레늄은 생산량도 극히 적습니다. 그렇지만 다양한 용도로 쓰이는데 가장 눈에 띄는 점은 고온에서도 사용이 가능한 고온 초합금이 된다는 점입니다. 고온에서도 강한 내구성을 유지해 텅스텐이나 몰리브덴에 레늄을 첨가한 초내열 합금은 제트 엔진 등을 비롯해 오븐 등의 가열용 필라멘트에도 사용되고 있습니다.

원자번호 76

Os

Osmium

□전이 금속

원소주기표

오스뮴

상온 상태 고체

원소 중에서 가장 무겁다

주요 물질 백금 광석 등

원 자 량 190.23　　**밀　도** 22.59g/cm^3

녹 는 점 3,033℃　　**끓 는 점** 5,012℃

발견 연도 1803년

발 견 자 스미슨 테넌트(영국)

▲ 이리듐과의 합금 상태로 존재하는 오스뮴은 백금에서 분리해 추출됩니다.

▲ 만년필의 펜촉

이용 방법

- 이리듐과의 합금은 만년필의 펜촉
- 전자현미경 관찰 시료의 고정용 코팅 등

강렬하고 이상한 냄새와 독성을 다 갖춘 원소

오스뮴은 그리스어로 '냄새가 나다'를 뜻하는 'osme'에서 명명됐습니다. 강렬하고 자극적인 냄새를 풍기는데, 그 발생원은 사산화오스뮴(OsO_4)이라는 화합물입니다. 이 가스는 흡입하거나 피부에 닿으면 위험합니다. 적은 양일지라도 결막염이나 호흡기 장애 등을 일으키는 독성을 갖고 있습니다. 오스뮴은 단단하면서도 부서지기 쉽기에 가공하기 어려운 금속이지만, 모든 원소 가운데 가장 큰 밀도를 자랑하는 오스뮴은 아주 단단하고 마모가 잘되지 않아 이리듐이나 백금 등과 합금해 만년필 펜촉뿐 아니라 전기 스위치의 접점 등에 이용되고 있습니다.

이리듐

상온 상태 고체

딱딱하고 변형이 잘 안되는 금속

주요 물질 백금 광석 등
원 자 량 192.217 **밀 도** 22.56g/cm³
녹 는 점 2,446℃ **끓 는 점** 4,130℃
발견 연도 1803년
발 견 자 스미슨 테넌트(영국)

▲ 이리듐은 상당히 딱딱하고, 많은 금속 중에서 가장 부식이 안 되는 금속입니다.

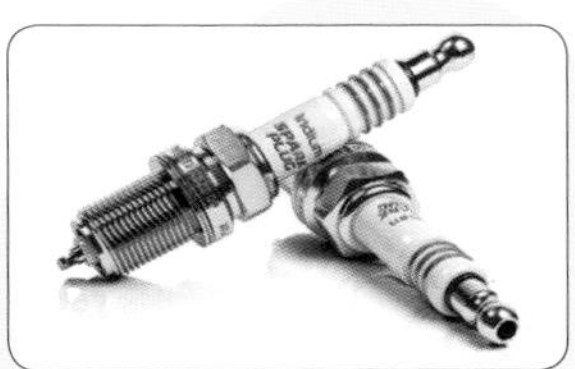
▲ 점화 플러그

이용 방법

- 오스뮴과의 합금은 만년필의 펜촉
- 백금과의 합금은 점화 플러그의 접점 재료 등

합금으로 사용되는 금속

딱딱하면서도 무른 이리듐은 가공이 어려워 단일 물질로 이용되는 경우는 거의 없고, 합금을 통해 내구성이 요구되는 부품에 사용되고 있습니다. 지각 중에는 희소한 원소이지만, 운석에는 비교적 많이 함유돼 있어, 우주 차원에서 보면 그렇게 진귀한 원소는 아닐지도 모르겠습니다. 또한, 오스뮴과의 합금은 만년필 펜촉에 사용되고 있습니다. 백금과의 합금은 엔진의 점화 플러그 등, 전자 공업 재료나 접점 재료 등에 이용되고 있습니다. 화합물은 다양한 색을 띱니다. 이름은 그리스 신화의 무지개 여신 '이리스(Iris)'에서 유래했습니다.

원자번호 78

Pt

Platinum

□ 전이 금속

원소주기표

백금

상온 상태 **고체**

전성, 연성이 뛰어나고 가공하기 쉽다

주요 물질 표사광상(백금), 쿠페라이트, 스페릴라이트 등

원 자 량 195.08 **밀 도** 21.45g/cm^3

녹 는 점 1,768°C **끓 는 점** 3,825°C

발견 연도 불명(고대부터 알려짐)

발 견 자 불명

▲ 원소명은 남미 콜롬비아에 있는 핀토(Pinto)강의 스페인어 platina del Pinto(핀토강의 작은 은)에서 유래했습니다.

▲ 백금 반지

이용 방법

- 액세서리
- 장식품
- 매직미러의 반사체
- 촉매 항암제 등

용도가 다양한 귀금속 원소

백금은 고대부터 알려진 금속이며, 영어로는 플래티넘이라는 이름으로 알려진 유명한 귀금속 원소입니다. 액세서리나 장식품 등에 자주 사용되고 있습니다. 또한, 귀금속 촉매로 알려져 있을 뿐 아니라, 수소화나 탈탄소 등 대부분의 반응에서 활성을 띠는 금속이어서 자동차 배기가스 정화 촉매 등 넓은 분야에서 사용되고 있습니다. 의료 분야에서도 활약이 두드러집니다. 백금 화합물인 시스플라틴(cisplatin)은 항암제로 사용되고 있는데, 시스플라틴이 DNA와 단백질의 결합체인 염색질 또는 그로마틴에 결합함으로써 암세포 분열 억제나 사멸에 효과적이기 때문입니다.

고대부터 알려져 사용된 합금 금속

백금은 자연의 충적토에서 산출됩니다. 고대인들이 사용한 증거가 일부 있으며, 콜럼버스 이전의 아메리카인들이 백금 합금 공예품을 만들어 사용했습니다. 유럽에서 율리우스 카이사르 스칼리게르의 저서에 백금은 "어떠한 불이나 스페인의 재주로도 아직 녹일 수 없다."라고 설명하고 있습니다.

▲ 금속 백금에 대한 최초의 관찰 기록을 남긴 안토니오 데 울로아(1716 ~ 1795)

안정적이고 화학 반응성이 낮은 금속

공기나 수분 등에는 매우 안정하여 고온으로 가열해도 변하지 않고, 산·알칼리에 강하여 내식성이 크지만 왕수에는 서서히 녹고, 가성알칼리와 함께 고온으로 가열하면 침식됩니다. 또한, 고온에서는 탄소를 흡수하고 냉각하여 방출하는데, 이때 백금의 표면이 물러지므로 석탄, 코크스 또는 탄소가 많은 환원 불꽃 등으로 가열하는 것은 피하는 것이 좋습니다.

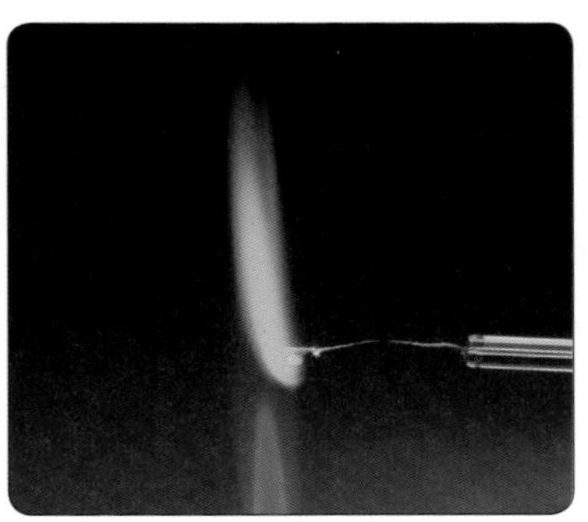
▲ 백금을 사용한 불꽃 반응 실험

부식되지 않아 활용도가 높은 금속

원소 칼럼

백금은 자동차 배기가스 정화 촉매에 사용되는 귀금속입니다. 특정 화학 반응의 속도를 높여 배기가스에서 유해한 화학 물질을 제거하는 데 사용됩니다. 백금은 인간의 건강과 환경에 해를 끼칠 수 있는 유해한 화학 물질인 질소산화물, 일산화탄소 및 탄화수소를 제거합니다. 백금은 자동차 배기가스 정화 촉매에 중요한 금속입니다.

▲ 자동차에 장착된 배기가스 촉매 변환 장치

원자번호 79

Au

Gold[Aurum]

□ 전이 금속

원소주기표

금

상온 상태 **고체**

속성과 연성이 뛰어나며, 녹이 슬지 않는다

주요 물질 자연 등

원 자 량 190.966 **밀 도** 19.30g/cm^3

녹 는 점 1,064.18°C **끓 는 점** 2,856°C

발견 연도 불명(고대부터 알려짐)

발 견 자 불명

◀ 고대부터 장식품 등에 사용된 금은 옛날부터 현대에 이르기까지 부의 상징으로 일컬어지는 존재입니다.

이용 방법

- 금화
- 금박
- 장식품
- 전자 회로용 전극
- 항류머티즘제 등

원소 중에서 유일하게 황금색으로 빛나는 금속의 왕

인류가 고대부터 사용해 온 순수한 금속인 금. 이 금속의 왕은 사금이나 금광석으로 산출됩니다. 금은 금속 중에서 유일하게 황금색으로 빛납니다. 이것은 금의 경우 금속 안을 돌아다니는 자유전자가 파란색부터 보라색까지의 빛을 흡수하고, 보색인 빨간색부터 노란색까지의 가시광선을 반사하기 때문입니다. 금은 장식품으로 널리 애용되고 있는데, 부드러운 순금은 장식품 가공에는 맞지 않아, 대부분 은이나 구리, 백금 등을 섞은 합금으로 사용되고 있습니다. 금의 순도를 나타내는 캐럿(K)에서 24K라고 불리는 것이 순금입니다.

녹이 슬지 않는 성질 때문에 계속 빛난다

홑원소 물질로 존재하는 금은 다른 원소와 잘 섞이지 않습니다. 공기 중에서도 광택을 잃지 않고, 녹슬지도 않습니다. 금 장식품으로 세계적으로 유명한 것을 든다면, 고대 이집트의 투탕카멘왕의 황금 마스크입니다. 3000년 이상이 흐른 지금도 황금색으로 계속 빛나고 있는 것은 금만이 지닌 독특한 성질 때문입니다.

◀ 투탕카멘왕의 황금 가면. 실물은 지금도 아름다운 빛을 잃지 않고 있습니다.

전성과 연성이 뛰어난 금속

원소기호 'Au'는 라틴어 'aurum', 영어명 'Gold'는 인도·유럽어 'ghel(빛나다)'에서 유래했습니다. 질량 1g의 금은 늘리면 길이는 약 3km까지, 그리고 두드리면 두께는 0.0001mm까지 얇아집니다. 얇게 늘인 금박은 칠기 등의 공예품이나 불상 등에 사용되고 있습니다.

▲ 금의 특성을 활용해 만들어진 금박이 사용된 공예품은 그 외형도 선명하고 훌륭합니다.

원소 칼럼

옛날부터 채굴하던 금

금광업의 기원은 기록된 문헌이 없어 확실하지 않으나, 고구려 유리왕 11년(기원전 9)에 상으로 황금 30근을 내렸다는 기록으로 보아 적어도 기원전부터 조상들은 금을 애용했다는 사실을 알 수 있습니다. 1952년 금광 개발이 활발하게 이루어졌지만, 오늘날에는 채굴을 한다 해도 무거운 비용이 필요하여 다른 나라와 경쟁력이 부족해 대부분 금 채굴을 유보하고 있는 상태입니다.

▲ 외국 자본이 개발하기 전 직산 사금광 모습

원자번호 80

Hg

Mercury[Hydrargyrum]

□ 전이 금속

원소주기표

수은

상온 상태 액체

금속이면서도 상온에서 액체

주요 물질 자연, 진사 등

원 자 량 200.592 **밀 도** 13.534g/cm^3

녹 는 점 −38.83℃ **끓 는 점** 356.73℃

발견 연도 불명(고대부터 알려짐)

발 견 자 불명

◀ 액체가 균일하게 퍼져나가지 않고, 구슬 모양으로 흩어져 나가는 수은

이용 방법

- 온도계
- 체온계
- 형광등
- 압인용 인주의 색소 등

독성이 강한 액체 금속

수은은 다른 금속에서는 볼 수 없는 성질을 갖고 있습니다. 그것은 금속인데도 '상온에서 액체가 된다'는 점입니다. 현대에는 수은은 독성이 강하고, 수은 증기를 들이마시면 신경계 등이 손상을 입는 게 밝혀졌지만, 고대에는 수은 자체가 불로불사의 영약으로 여겨졌다고 합니다. 고대 중국의 시황제는 불로불사의 삶을 살기 위해 수은을 복용하여 건강을 해쳤다는 이야기도 있습니다. 영어명 Mercury는 로마 신화의 장사의 신 메르쿠리우스(Mercurius)에서 유래됐으며, 한국어명 '수은'은 '물처럼 흐르는 은'(水銀)이라는 뜻에서 명명됐습니다.

체온계나 온도계에 이용

수은은 팽창 계수가 크고, 유리 벽에 잘 들러붙지 않아 온도계에 사용되고 있습니다. 팽창 계수는 일정한 압력 아래에서 온도가 1℃ 올라갈 때마다 일어나는 물체의 부피 증가율을 나타내는 값입니다. 체온계에도 사용돼 왔는데, 오늘날에는 전자 체온계가 대부분 그 역할을 담당하고 있습니다.

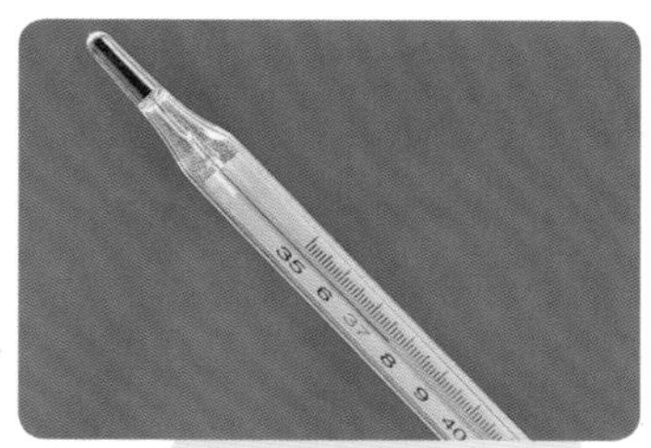

▲ 수은을 활용한 체온계. 현재는 온도계도 이 체온계와 마찬가지로 디지털화가 되었습니다.

합금은 다양한 용도로 활용

수은과 다른 금속의 합금을 아말감이라고 합니다. 금과의 아말감은 도다이지 대불(752년 제조)의 금도금으로 사용된 것으로도 유명합니다. 또한, 납, 주석, 비스무트의 아말감은 거울의 표면에 사용되고, 은이나 주석과의 아말감은 예전부터 치과 치료 소재로 사용되고 있었습니다.

◀ 불상 표면에서는 수은(Hg)이 검출되어 금(Au)을 수은(Hg)에 용해시켜 도금하는 방식인 아말감 도금 기법을 사용했던 것으로 추정되는 부여 규암리 금동관음 보살입상

미나마타병의 원인이 됐던 메틸수은

원소 칼럼

탄소와 수은이 결합한 유기화합물인 유기 수은에는 단일 물질인 수은보다 더 강한 독성이 있습니다. 유기 수은으로 유명한 것이 메틸수은입니다. 메틸수은은 무기 수은이 자연계에 존재하는 세균에 의해 유기 수은으로 바뀐 것입니다. 이 메틸수은에 의한 공해병이 1950년대 중반 일본 쿠마모토현 미나마타만에서 발생한 '미나마타병'입니다. 공장 폐수에 포함돼 있던 메틸수은이 바다나 강에 배출된 것이 원인으로, 오염된 어패류를 먹은 사람들에게 증상이 발생했습니다.

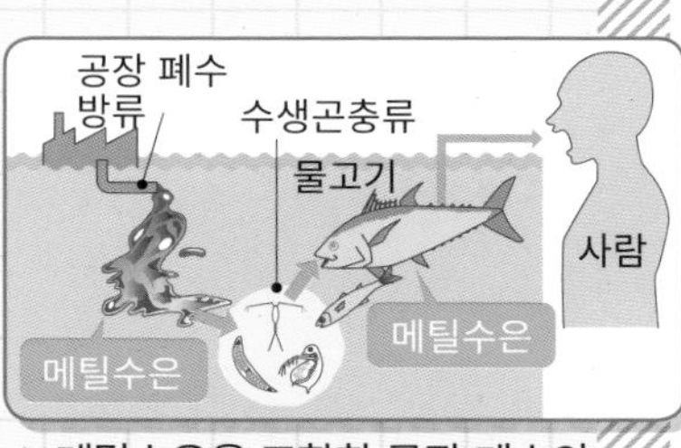

▲ 메틸수은을 포함한 공장 폐수의 방류로 인해 연쇄적으로 메틸수은이 인간 체내에 들어가 중독 증상이 일어났습니다.

원자번호 81

Ti

Thallium

전이후 금속

원소주기표

탈륨

상온 상태 **고체**

중금속 중에서 독성이 아주 강하다

주요 물질	크룩사이트 등		
원 자 량	204.38	밀 도	11.85g/cm³(고체)
녹 는 점	304°C		11.22g/cm³(액체)
발견 연도	1861년	끓 는 점	1,473°C
발 견 자	윌리엄 크룩스(영국), 클로드 오귀스트 라미(프랑스)		

▲ 발견 단서가 된 원자 스펙트럼이 녹색이었기 때문에 그리스어 thallos(녹색의 가지)를 따서 명명됐습니다.

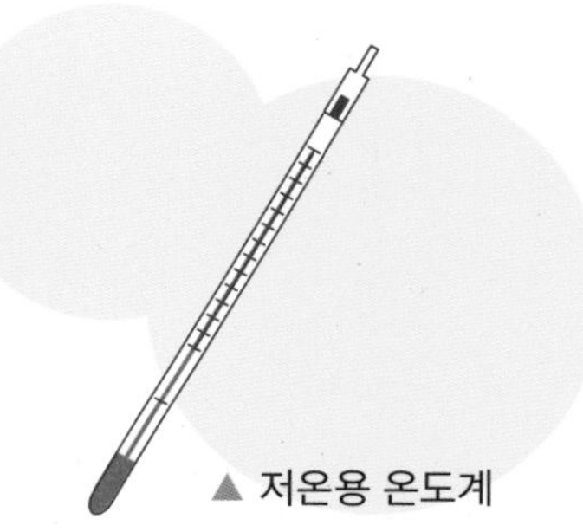

▲ 저온용 온도계

이용 방법

- 심근 혈액 검사제
- 저온용 온도계 등

독약이 되는 반면, 의료 현장에서 활약

탈륨은 건조한 공기 중에서는 안전한 상태를 유지하지만, 다습한 공기 중에서 산화하기 쉬워 보통 석유 안에 보존됩니다. 독성이 강한 원소여서 과거에는 탈륨 화합물이 쥐약이나 개미약 등에 사용됐지만, 현재는 사용이 금지됐습니다. 또한, 맛도 냄새도 없어 독약으로 사용됐다는 슬픈 역사도 있습니다. 그러나 의료 분야에서는 활약이 두드러집니다. 체내에 방사성 동위체 탈륨 201을 투여하면, 영상으로 그 방사선을 비춰볼 수 있어 심근 혈액 검사제(scintigraphy)에 사용되고 있습니다. 이 검사에서 사용되는 양은 미량이어서 인체에 아무런 영향을 끼치지 않습니다.

원자번호 82
Pb
Lead[Plumbum]
전이후 금속
원소주기표

납

상온 상태 **고체**

연성이 뛰어나고 부드럽다

주요 물질 방연석, 백연석 등

원 자 량 207.2 **밀 도** 11.34g/cm^3

녹 는 점 327.5°C **끓 는 점** 1,749°C

발견 연도 불명(고대부터 알려짐)

발 견 자 불명

▲ 영어명 Lead는 앵글로색슨어 lead(납)에서, 원소기호 Pb는 라틴어 plumbum(납)에서 유래했습니다.

▲ 자동차의 배터리

이용 방법

- 납땜
- 연축전지의 전극 등

독성으로 인해 대체가 모색되는 원소

인류에게 고대부터 알려진 납은 연성이 뛰어나고 부드러우며, 가공도 간단해 다양한 용도로 사용되는 금속 원소입니다. 이를테면 주석과의 합금인 납땜은 전자 부품 접합에 사용되고 있습니다. 또한, 자동차 배터리에서 연축전지 전극으로도 활약하고 있습니다. 한편, 납은 독성이 있습니다. 옛날에는 분의 원료가 탄산납($PbCO_3$)이었는데, 한국에서는 구한말 때 '박가분'이란 이름의 화장품으로 유통된 적이 있지만, 납의 유해성이 드러나면서 없어졌습니다. 또한, 그 독성 때문에 지금은 사용이 제한돼 있습니다. 이외에는 방사선을 차단하는 재료에도 사용되고 있습니다.

원자번호 83

Bi

Bismuth

전이후 금속

원소주기표

비스무트

상온 상태 고체

합금화로 녹는점을 낮게 한다

주요 물질 휘창연석, 비스마이트 등

원자량 208.980 **밀도** 9.78g/cm^3

녹는점 271.5°C **끓는점** 1,564°C

발견 연도 1753년

발견자 클로드 프랑수아 조프루아(프랑스)

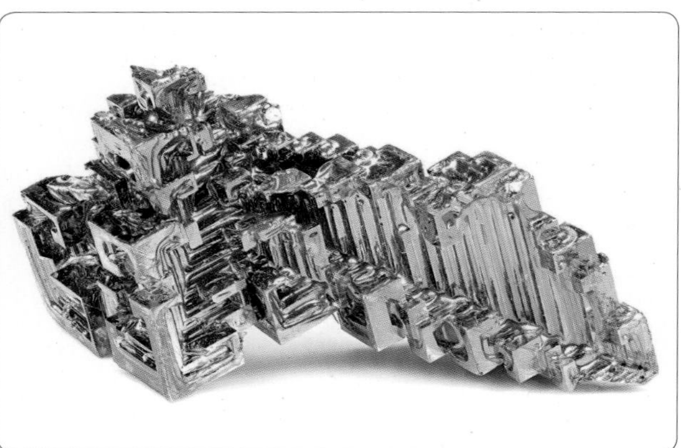

▲ 이름의 어원은 라틴어 bisemutum(녹다) 등 여러 설이 있으며, 한국에서는 '창연'이라고도 부릅니다.

▲ 무연납

이용 방법

- 무연납
- 퓨즈
- 지사제 등

장 기능 정상화에 공헌하는 원소

비스무트는 무르기 때문에 그 대부분은 다른 금속(카드뮴, 주석, 납 등)과 합금으로 사용되고 있습니다. 또한, 납과 비슷한 성질을 지니지만 독성이 거의 없어 납의 대체 금속으로 많이 활용됩니다. 합금하면 다른 금속의 녹는점을 내려, 저융점 무연납, 퓨즈, 화재경보기 등에 이용됩니다. 비스무트 화합물인 차질산비스무트는 의약품으로 지사제 등에 사용되고 있습니다. 차질산비스무트는 설사를 일으키는 유독 황화수소와 반응해 황화비스무트가 되는데 장 기능 안정에 효과적입니다. 평소 장 건강이 좋지 않은 사람들에게는 신세 질 기회가 많은 원소라고 할 수 있습니다.

폴로늄

가장 독성이 강한 원소

주요 물질 우라늄 광석(피치 블렌드 등)

원자량 (209)

밀도 9.916g/cm³(α형), 9.398g/cm³(β형)

녹는점 254°C

발견 연도 1898년

끓는점 962°C

발견자 마리 퀴리(폴란드), 피에르 퀴리(프랑스)

▲ 원소명은 발견자 중 한 명인 마리 퀴리의 조국 폴란드에서 유래했습니다.

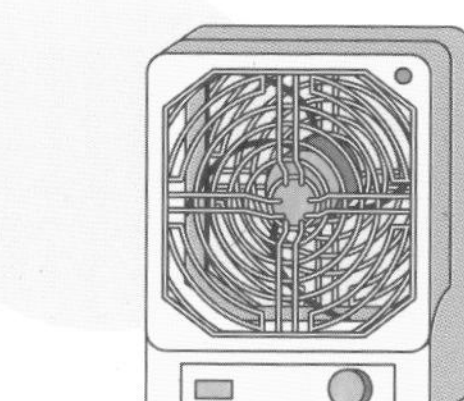

이용 방법

- 이오나이저 (정전기 제거 장치)
- 원자력 발전 등

우라늄의 100억 배나 되는 강한 방사능

폴로늄은 발견자가 퀴리 부부(피에르와 마리)로 알려진 원소입니다. 퀴리 부부는 고가의 우라늄 광석을 오스트리아 정부에 의뢰해 입수, 화학 처리를 한 끝에 새로운 원소를 발견했습니다. 그러나 마리 퀴리가 백혈병으로 사망한 것은 연구 때 방사능이 강한 폴로늄을 지속해서 취급했기 때문이라고 알려져 있습니다. 강한 방사능으로 주목받은 폴로늄은 정전기를 제거하는 작용을 활용하여 하드디스크나 반도체 등을 제조할 때 정전기 발생을 억제하는 정전기 제거 장치로 사용되고 있습니다. 또한, 폴로늄은 주로 연구용 α선과 인공위성의 소형 연료에도 사용됩니다.

아스타틴

상온 상태 고체

원자번호 85

At

Astatine

준금속

원소주기표

상온에서는 액체가 기화해 버린다

주요 물질 우라늄 광석(피치 블렌드 등)

원 자 량 (210) 밀 도 (7)g/cm^3

녹 는 점 (300)°C 끓 는 점 (337)°C

발견 연도 1940년

발 견 자 데일 코슨(미국), 케네스 매켄지(미국), 에밀리오 세그레(이탈리아)

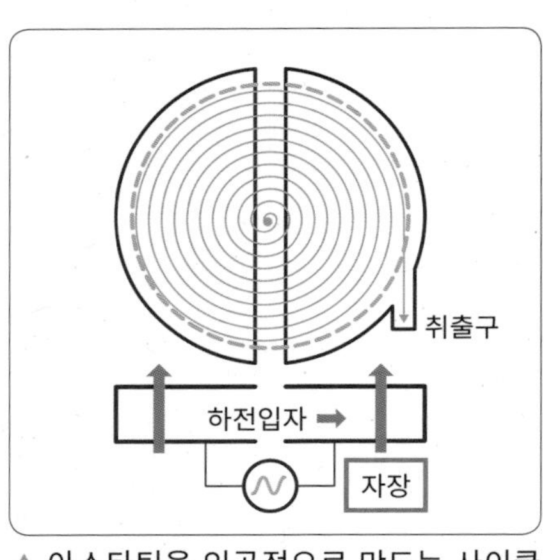

▲ 아스타틴을 인공적으로 만드는 사이클로트론 구조

▲ 사이클로트론이 개발된 캘리포니아 대학 버클리 캠퍼스의 시계탑

메모

아스타틴 211이 방출하는 α선을 이용한 암 치료 연구가 진행되고 있습니다.

인공적으로 만들어진 불안정 원소

아스타틴은 지금까지 발견된 비금속 중에서 가장 무거운 원소이며, 우라늄이나 토륨이 붕괴하면서 생성되는 방사성 원소입니다. 화학적 성질은 아이오딘과 매우 비슷하나, 화학 반응 도중 아이오딘보다 전자를 잃기 쉽고, 받기는 어렵습니다. 과학자들은 아스타틴의 색깔을 검은색으로 짐작하고 있으나, 정확한 것은 아무도 모른다고 합니다. 아스타틴은 미국 캘리포니아대학 버클리 캠퍼스에 설치된 사이클로트론(입자 가속 장치의 일종)을 이용해 인공적으로 만들어진 원소입니다. 반감기가 짧고 불안정한 성질을 갖고 있습니다. 원소명은 그리스어 astatos(불안정한)에서 유래했습니다.

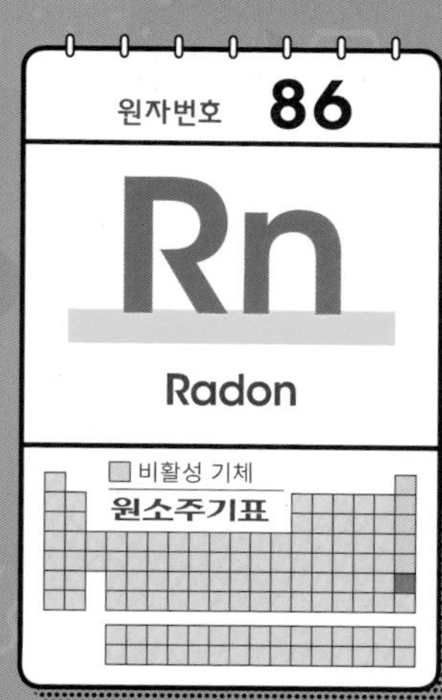

라돈

상온 상태 기체

다른 원소와 거의 반응하지 않는다

주요 물질 우라늄 광석, 온천, 지하수 등

원 자 량 (222)　　밀 도 9.73g/L(STP)

녹 는 점 -71.15°C　　끓는점 -61.85°C

발견 연도 1900년

발 견 자 프리드리히 에른스트 도른(독일)

▲ 라돈은 처음에는 라듐 에머네이션이라고 불렸는데, 1923년 국제회의에서 ridium(라듐)에서 태어났다는 뜻에서 유래해 명명됐습니다.

▲ 라돈 온천의 노천 목욕탕

이용 방법

- 라돈 온천
- 이전에는 암 치료나 비파괴 검사에 사용 등

라돈의 두 얼굴, 건강에 좋기도 하고 나쁘기도 하고

라돈은 방사성 동위체로 약 40종이 있으며, 안정 동위체가 존재하지 않는 방사성 희가스(비활성 기체) 원소입니다. 희가스의 '다른 원소와는 거의 반응하지 않는다'는 특성은 라돈도 갖고 있으며, 붕소와의 화합물이 발견됐을 뿐입니다. 라돈은 우라늄 광석이 몇 차례 붕괴를 거치는 과정에서 생성되는 기체로 지구상 어디에나 존재하며 물에 잘 녹습니다. 라돈이 지하수에 녹아 특정 농도 이상이 된 방사능천이 잘 알려진 라돈(라듐) 온천입니다. 방사능은 미량이면 오히려 건강에 좋다(호르메시스 효과)는 이론을 바탕으로, 다양한 효능이 강조되고 있습니다. 다만 대량 흡인하면 건강을 해칩니다.

원자번호	87
Fr	Francium

알칼리 금속 · 원소주기표

프랑슘

상온 상태 **고체**

알칼리 금속 중에서 가장 무겁다

주요 물질 우라늄 광석(피치 블렌드 등)

원 자 량 223.019(^{233}Fr) **밀 도** ——

녹 는 점 —— **끓 는 점** ——

발견 연도 1939년

발 견 자 마르게리트 페레(프랑스)

▲ 페레가 소속된 구 라듐연구소가 있었던 소르본대학

▲ 발견자 페레의 조국인 프랑스의 상징 '에투알 개선문'

메모

페레는 이 원소를 30세에 발견했는데, 마리가 폴로늄을 발견했을 때의 나이와 같습니다.

에메랄드 성분 및 우주 망원경에도

프랑슘은 소듐, 포타슘과 같은 알칼리 금속 원소에 속하며, 자연에 존재하는 원소 중 가장 늦게 발견한 원소입니다. 프랑슘은 모든 원소 중에서 전자를 끌어당기는 전기 음성도가 가장 작습니다. 또 강력한 방사성을 가지며 매우 불안정한 세슘과 비슷한 성질을 지닌 원소이기도 합니다. 아주 희귀하고 수명이 짧아서 연구 목적 이외의 실용적 목적으로 사용하기 어렵습니다. 발견자 페레는 소르본대학 구내에 설치된 '라듐연구소(훗날 퀴리연구소)'에서 마리 퀴리의 조수로 일했던 여성 과학자였습니다. 우라늄 원자핵 붕괴 과정 도중 생성된 이 원소의 이름은 페레의 조국 프랑스에서 유래했습니다.

강한 방사능을 지닌 α선을 방출

주요 물질 우라늄 광석(피치 블렌드 등)

원 자 량 (226)   밀 도 5.5g/cm^3

녹 는 점 700°C   끓 는 점 1,737°C

발견 연도 1898년

발 견 자 마리 퀴리(폴란드), 피에르 퀴리(프랑스)

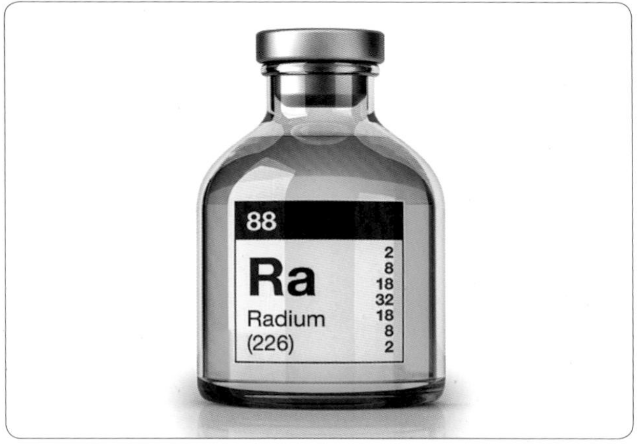

▲ 원소명은 '빛'을 뜻하는 라틴어 radius에서 유래했습니다.

◀ 시계용 형광 도료

이용 방법

- 의료용 방사선원 등
- 시계용 형광 도료에 사용됐던 시기가 있었는데, 지금은 사용되지 않습니다

퀴리 부인이 전 생애에 걸쳐 연구

라듐은 우라늄, 플루토늄과 함께 일반적으로 잘 알려진 방사성 원소입니다. 폴로늄보다 더 늦게 발견된 원소인데도 라듐이 유명한 것은 마리 퀴리가 라듐을 전 생애에 걸쳐 연구했기 때문입니다. 최초 분리한 염화라듐은 불순물이 많았지만, 매우 홍미롭게도 어둠 속에서 스스로 빛을 냈습니다. 전기 분해로 홑원소 물질인 라듐 분리에 성공한 것은 1910년입니다. 라듐은 오래도록 의료용 방사선원으로 이용돼 왔는데, 오늘날에는 더 효과적이고 덜 위험한 코발트 60에 그 자리를 내줬습니다. 오늘날 라듐의 용도는 물리 실험실의 실험용으로만 사용되고 있습니다.

원자번호 89

Ac

Actinium

악티늄족(내부전이 금속)

원소주기표

악티늄

상온 상태 고체

주로 원자로 내에서 만들어진다

주요 물질 우라늄 광석 등

원 자 량 (227) 밀 도 10g/cm³

녹 는 점 1,227°C 끓는점 3,200°C

발견 연도 1899년

발 견 자 앙드레 (루이) 드비에른(프랑스)

▲ 원소명은 어두운 곳에서 청백색으로 빛나기 때문에 그리스어 aktinos(광선)에서 유래했습니다. 원자로 등에서 만들어집니다.

▲ 방사선이 강해 연구용 이외에는 이용 가치가 없습니다.

이용 방법

- 방사성 의약품
- 연구용 등

악티늄족 계열의 첫 원소

우라늄 붕괴 과정에서 생성된 악티늄의 발견자는 드비에른입니다. 드비에른은 피치 블렌드(섬우라늄석)에서 폴로늄과 라듐을 발견한 퀴리 부부의 젊은 동료였습니다. 퀴리 부부는 라듐 연구에 전념했고, 그 외 작업은 드비에른에게 맡겼는데, 드비에른이 피치 블렌드 찌꺼기에서 발견한 신원소가 악티늄이었습니다. 악티늄 발견 3년 후, 독일의 기젤이 피치 블렌드에서 신원소 에마늄을 발견했다고 발표했는데, 그 후 악티늄과 같은 원소였던 것으로 판명됐습니다. 악티늄은 귀하고, 가격이 높으며, 방사성도 있기 때문에 현재 산업적으로 잘 이용되고 있지 않습니다.

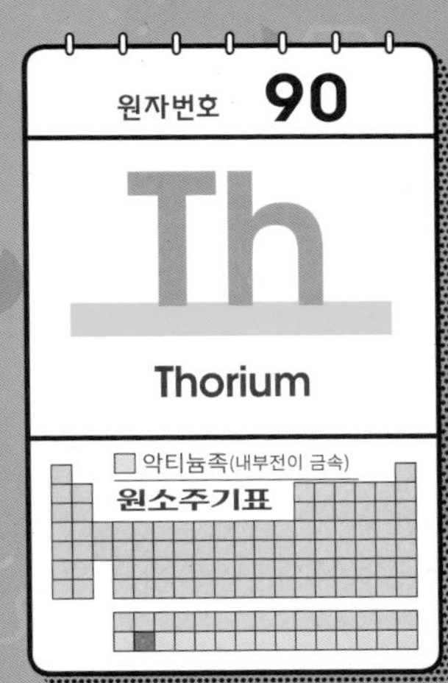

토륨

상온 상태 고체

자연계에 풍부하게 존재

주요 물질 모나즈석, 토라이트 등

원 자 량 232 밀 도 11.7g/cm^3

녹 는 점 1,750°C 끓 는 점 4,788°C

발견 연도 1828년

발 견 자 옌스 야코브 베르셀리우스(스웨덴)

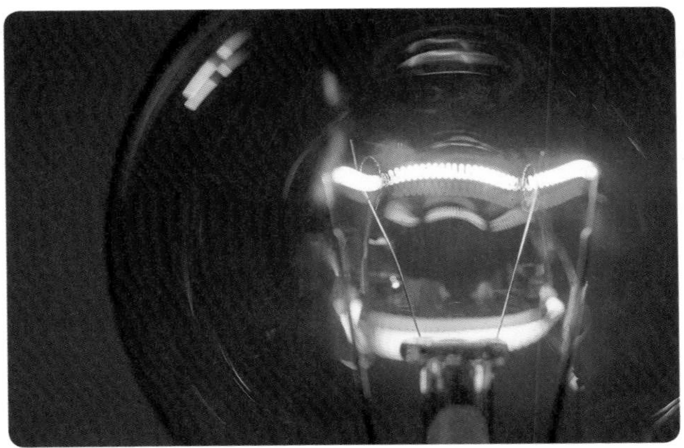

▲ 텅스텐 필라멘트의 첨가제 등에 사용되는 천연 방사성 원소인 토륨

◀ 아크 용접의 전극봉에 첨가됩니다.

이용 방법

- 진공관의 텅스텐 필라멘트의 코팅 재료
- 아크 용접의 전극봉에 첨가 등

미래 핵연료가 될 가능성도

토륨은 은백색의 천연 방사성 원소이며, 악티늄족 원소 중에서 가장 많이 존재합니다. 자연계에 비교적 많이 존재하는데, 우라늄의 약 5배나 많으며, 반감기도 길고 에너지도 많이 발생시키기 때문에 장래에는 원자력 발전의 핵연료로 사용될 가능성도 있습니다. 토륨이 방사선을 방출하는 것을 발견한 것은 마리 퀴리와 독일의 슈미트로, 토륨 발견 70년 후의 일이었습니다. 열을 가하면 전자를 방출하기 때문에 진공관의 텅스텐, 필라멘트의 코팅 재료 등에 사용되고 있습니다. 이름은 북유럽 신화의 천둥신 thor(토르)에서 유래했습니다.

원자번호 91

Pa

Protactinium

악티늄족(내부전이 금속)

원소주기표

프로트악티늄

상온 상태 고체

방사선이 강하다

주요 물질 우라늄 광석(피치 블렌드 등)

원 자 량 231 밀 도 15.4g/cm^3

녹 는 점 1,568°C 끓 는 점 4,027°C

발견 연도 1918년

발 견 자 오토 한(독일), 리제 마이트너(오스트리아) 외

▲ 녹주석(베릴)은 에메랄드나 아쿠아마린으로 알려진 보석 원료입니다. 사진은 순수한 베릴륨 조각입니다.

▲ 주로 연구용에 이용됩니다.

이용 방법

- 방사성 동위체를 이용한 연대 측정
- 연구용 등

방사선 방출로 악티늄에 변화

프로토(prot)는 그리스어 pro(전)의 최상급형으로, '이전의, 시초의'라는 뜻을 갖고 있습니다. 즉 프로트악티늄은 '악티늄에 앞선 것'이라는 의미가 됩니다. 이 이름은 프로트악티늄 231이 α붕괴(α입자를 방출해 원자번호가 2, 질량수가 4 적은 원소로 변한다)로, 악티늄 227로 변하는 데서 명명됐습니다. 물리적 성질은 대략 토륨과 우라늄의 중간 단계로 알려져 있으며, 화학적 성질은 탄탈럼과 비슷합니다. 방사선이 강한 프로트악티늄은 일반적인 이용 가치가 없습니다. 다만 반감기(3만 2760년)가 가장 긴 프로트악티늄 231은 해저 진흙 연대 측정에 이용되는 경우가 있습니다.

우라늄

핵분열로 의한 막대한 에너지 발생

주요 물질 우라늄 광석(피치 블렌드 등)

원 자 량 238.029 밀 도 19.1g/cm^3

녹 는 점 1,132℃ 끓 는 점 4,131℃

발견 연도 1789년

발 견 자 마르틴 하인리히 클라프로트(독일)

▲ 연료로 사용하기 위해서는 핵분열을 일으키는 우라늄 235 비율을 높이기 위한 우라늄 농축이 필요합니다.

▲ 인류에게 불행을 초래한 원자폭탄

이용 방법

- 핵연료
- 원자폭탄
- 유리나 도기의 착색제 등

인류를 비추는 '빛'과 전쟁을 일으키는 '그림자'

우라늄은 방사성 원소의 대표격입니다. 숱한 원소 중에서도 이 원소명을 들은 적이 없는 사람은 거의 없을 것입니다. 인류 생활에 없어서는 안 될 전기를 일으키기 위한 핵연료로 사용되는 한편, 무기로도 이용돼 왔습니다. 소위 빛과 그림자의 양면을 가진 원소입니다. 우라늄 자체는 18세기 말 독일의 클라프로트가 발견했는데, 방사능을 발견한 것은 프랑스의 베크렐로, 1896년의 일이었습니다. 원소명은 1781년 발견된 천왕성(Uranus)에서 따 명명됐으며, 천왕성의 이름은 그리스 신화에 나오는 천공의 신 우라노스에서 유래했습니다.

원자번호 93

Np

Neptunium

악티늄족(내부전이 금속)

원소주기표

넵투늄

상온 상태 고체

천연 우라늄 광석에도 존재

주요 물질 인공 방사성 원소, 우라늄 광석 등

원 자 량 (237) **밀 도** 19.38g/cm³

녹 는 점 639°C **끓 는 점** 4,174°C

발견 연도 1940년

발 견 자 에드윈 맥밀런, 필립 에이블슨(미국)

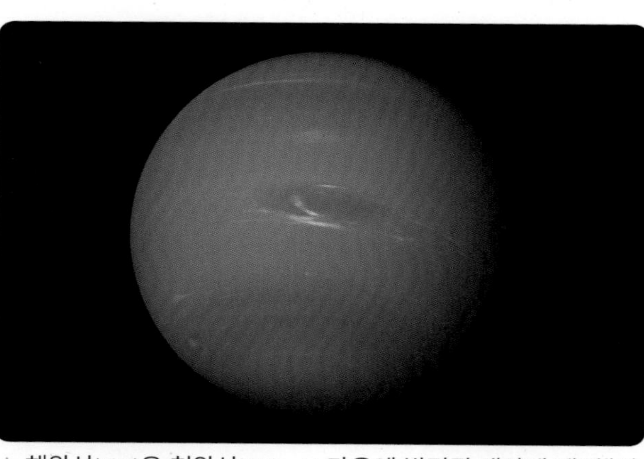

▲ 해왕성(넵튠)은 천왕성(우라노스) 다음에 발견된 태양계 제8행성. 표면 온도는 마이너스 210°C입니다.

▲ 미국 유타주 광산에서 산출된 카르노석. 우라늄 광석 안에 넵투늄 239가 생성되는 경우도 있습니다.

이용 방법

- 원자력 전지 등

사상 처음 발견된 초우라늄 원소

천연 우라늄 광석에도 넵투늄은 극히 미량 존재하는 것으로 알려져 있지만, 보통 원자력 발전 사용 후 핵연료에서 얻을 수 있습니다. 우라늄보다 원자번호가 큰 원소는 수명이 짧고, 자연계에서는 거의 발견할 수 없습니다. 초우라늄 원소로 불리며, 모두 인공적으로 합성됩니다. 넵투늄은 1940년 캘리포니아대학 버클리 캠퍼스에서 우라늄 238에 중성자를 쏴 합성된, 세계에서 처음으로 만들어진 방사성의 초우라늄 원소입니다. 원소명은 우라늄 다음이라는 의미에서 천왕성의 이웃 행성 'Neptune(해왕성)'에서 유래했습니다.

플루토늄 

상온 상태 고체

인체에 유해한 방사성 원소

주요 물질 인공 방사성 원소, 우라늄 광석 등

원 자 량 (244) **밀 도** 19.816g/cm^3

녹 는 점 639.4°C **끓는점** 3,228°C

발견 연도 1940년

발 견 자 글렌 시보그, 에드윈 맥밀런, 조지프 케네디, 아서 왈(미국)

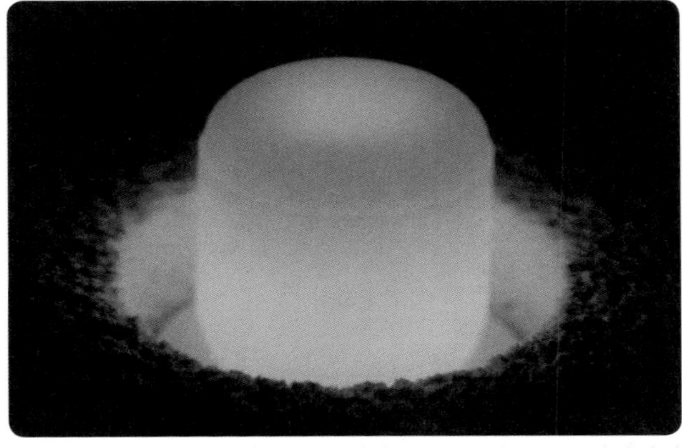

▲ 연구소에서 열 붕괴로 붉게 빛나는 플루토늄 238 덩어리입니다.

▲ 플루토늄 전지가 탑재돼 있는 NASA의 무인 우주탐사기 보이저 1호.

이용 방법

- 원자력 발전
- 핵연료 등

원자력 발전소 연료와 핵무기가 되는 원소

플루토늄은 인체에 극히 유해한 방사성 원소입니다. 플루토늄의 방사선뿐 아니라 화학적으로도 유해한 맹독 원소입니다. 플루토늄은 우라늄에 중양자(양자와 중성자로 구성된 입자)를 쏘아 얻어진 넵투늄에서 탄생한 생성물에서 발견됐습니다. 인공적으로 만들어지는 원소 중 가장 생산량이 많습니다. 플루토늄 238은 우주 개발이나 의료용 분야에서 이용되는 한편, 플루토늄 239는 핵분열하는 성질이 있어 원자력 발전소의 연료가 됩니다. 또한, 핵무기로 제조됩니다. 원소명은 넵투늄 다음이라는 의미에서 해왕성의 바깥쪽 행성 Pluto(명왕성)에서 유래했습니다.

원자번호 95

Am

Americium

악티늄족(내부전이 금속)

원소주기표

아메리슘

상온 상태 고체

은백색의 유연한 방사상 금속

주요 물질	인공 방사성 원소, 우라늄 광석 등		
원 자 량	(243)	밀 도	12g/cm^3
녹 는 점	1,176°C	끓 는 점	(2,607)°C
발견 연도	1944년		
발 견 자	글렌 시보그, 랄프 제임스, 레온 레모건, 앨버트 기오르소(미국)		

▲ 아메리슘 241이 함유된 이온화식 연기 탐지기의 내부입니다.

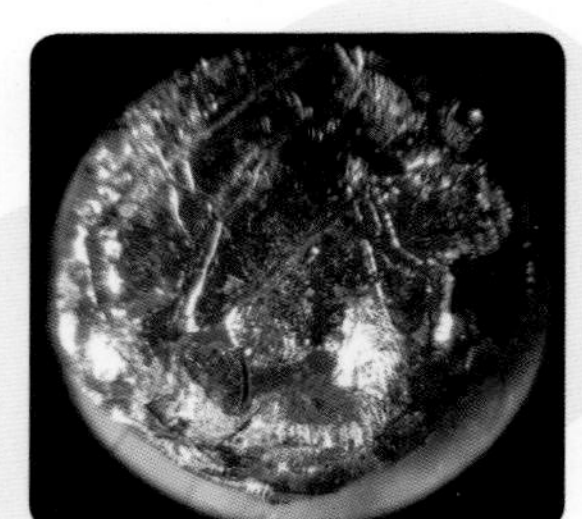

▲ 현미경으로 관찰한 작은 원반 모양의 아메리슘-241

이용 방법

● 연기 탐지기 등

플루토늄에서 만들어진 원소

아메리슘은 미국 연구팀이 플루토늄에 중성자를 쏴서 발견한 인공 원소입니다. 원자력 발전소의 사용 후 연료봉에 생긴 플루토늄에서 얻을 수 있으며, 대량으로 생산할 수 있습니다. 비교적 싼 가격에 얻을 수 있어, 빌딩용이나 가정용 이온화식 연기 탐지기 센서로 사용되는 있습니다. 또한, 유리의 두께를 가늠하는 측정기로도 쓰입니다. 방사선원인 아메리슘 214에서 알파선이 쬐어지면, 연기를 이온화해 탐지하고 알람을 울리는 구조입니다. 원소명은 주기율표에서 바로 위에 있는 유로퓸에 대응해서, 나라 이름인 아메리카에서 유래했습니다.

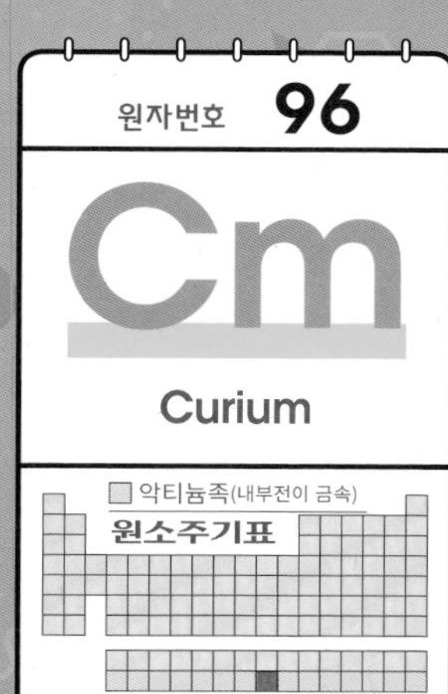

퀴륨

은백색이며 광택이 있는 금속 원소

주요 물질 인공 방사성 원소

원 자 량 (247) **밀 도** 13.51g/cm³

녹 는 점 1,340°C **끓 는 점** 3,110°C

발견 연도 1944년

발 견 자 글렌 시보그, 랄프 제임스, 앨버트 기오르소(미국)

▲ 피에르와 마리 퀴리 부부(1890년대). 부부 앞에 찍힌 기기가 방사능 측정기기

◀ 화성 탐사기 큐리오시티 (미국·NASA)

메모

발견을 처음으로 발표한 것은 전후 1945년 11월의 어린이용 라디오였습니다.

퀴리 부부의 공적과 연관해 명명

캘리포니아대학 버클리 캠퍼스 연구팀이 플루토늄을 바탕으로 인공적으로 합성한 원소입니다. 제2차 세계대전 중이었기 때문에 종전까지 발표를 극비리에 붙였습니다. 퀴륨은 플루토늄만큼이나 강하게 방사성 붕괴를 하는 위험한 원소로, 어둠 속에서 자주색 빛을 냅니다. 원자력 전지에 이용되며, 달 탐사 로켓에 탑재됐습니다. 또한, 화성을 조사하는 탐사차에서도 활약하고 있습니다. 퀴륨 동위원소들은 우라늄 광석에서 우라늄 238의 핵변환에 의해 극미량 생성되고, 대기권 핵실험과 핵발전소 사고 지역 인근에서 극미량이 발견되기도 합니다.

원자번호 97
Bk
Berkelium
악티늄족(내부전이 금속)
원소주기표

버클륨

상온 상태 고체

강한 방사능을 지닌 은백색의 금속 원소

주요 물질	인공 방사성 원소		
원 자 량	(247)	밀 도	$14.78 g/cm^3$(α형)
녹 는 점	986°C		$13.25 g/cm^3$(β형)
발견 연도	1949년	끓는 점	2,627°C
발 견 자	스탠리 톰슨, 앨버트 기오르소, 글렌 시보그(미국)		

▲ 캘리포니아대학 버클리 캠퍼스에서는 많은 원소가 산출됐습니다.

▲ 캘리포니아대학 버클리 캠퍼스의 문장

메모

원소명은 캘리포니아대학 버클리 캠퍼스가 있는 도시인 Berkeley에서 유래했습니다.

제2차 세계대전 후 최초로 만들어진 원소

1949년 캘리포니아대학 버클리 캠퍼스 연구팀이 사이클로트론(가속기)을 사용해, 아메리슘 241에 헬륨 이온(α입자)을 부딪혀 합성한 인공 원소입니다. 무른 은백색 금속으로 화학 반응성이 커 공기 중에서는 표면이 산화됩니다. 산이나 수증기에는 금방 산화되지만 알칼리와는 반응하지 않습니다. 버클륨은 캘리포늄이나 아인슈타이늄 등의 합성을 비롯한 연구의 용도로 쓰입니다. 버클륨은 중성자에 의해 핵분열되므로 핵연료로 사용될 수 있으나 경제적 이유로 인해 핵연료로 사용하지는 않습니다. 또한, 주로 원자력 시설이나 연구소에서 취급되기 때문에 극히 소량 생산된 원소입니다.

원자번호 98
Cf
Californium
악티늄족(내부전이 금속)
원소주기표

캘리포늄 

상온 상태 고체

자발적 핵분열을 일으키는 원소

주요 물질 방사성 원소

원 자 량 (251) **밀 도** 15.1g/cm^3

녹 는 점 900°C **끓 는 점** (1,470)°C

발견 연도 1950년

발 견 자 스탠리 톰슨, 테네스 스트리트, 앨버트 기오르소, 글렌 시보그(미국)

▲ 캘리포니아대학 버클리 캠퍼스에서는 많은 원소가 산출됐습니다.

◀ 합성 원소를 발견한 톰프슨 (1912~1976년)

메모

원소명은 발견된 버클리 캠퍼스가 있는 장소, 캘리포니아에서 유래했습니다.

중성자 방출원으로 이용되는 원소

1950년 캘리포니아대학 버클리 캠퍼스 연구팀이 퀴륨에 헬륨 이온(α입자)을 쬐 인공적으로 만들어진 원소입니다. 캘리포늄은 은백색의 방사성 금속 원소이며, 전성이 있고, 쉽게 자를 수 있을 정도로 비교적 무릅니다. 자발적으로 핵분열 반응을 일으키는 성질이 있으며, 원자로에서 중성자를 방출하는 물질로 사용되거나 폭발물 검사 등에 이용됐습니다. 또한, 캘리포늄은 몸을 투과하는 능력이 뛰어나 다른 방사성 요법으로 치료하기 힘든 뇌종양, 자궁경부암 등을 치료하는 데 임상적으로 효과적이기에 의료 분야에서 아주 중요한 역할을 할 것입니다.

원자번호	99
Es	Einsteinium

악티늄족(내부전이 금속)
원소주기표

아인슈타이늄

수폭 실험의 재 속에서 발견된 원소

주요 물질	방사성 원소		
원자량	(252)	밀도	$8.84g/cm^3$
녹는점	860°C	끓는점	(996)°C
발견 연도	1952년		
발견자	로렌스 버클리 국립연구소(미국)		

▲ 아인슈타인은 만년에 핵무기 폐기를 전 세계에 널리 호소했습니다.

▲ 아이비 마이크 핵실험의 방사성 강하물에서 최초로 관측

메모
원소명은 물리학자 알베르트 아인슈타인에서 유래했습니다.

20세기 거물 물리학자의 이름을 딴 원소

1952년 서태평양의 마셜제도에서 진행된 수소폭탄 실험의 '죽음의 재'라고 불리는 먼지에서 페르뮴과 함께 발견된 방사성 원소입니다. 강한 방사선을 내는 은백색 방사성 금속 원소이며, 다른 악티늄족 원소들과 마찬가지로 비교적 화학 반응성이 큽니다. 우라늄에 다수의 중성자가 부딪혀 캘리포늄이 생성되고, 그것이 핵 붕괴해 아인슈타이늄이 만들어졌다고 추정되고 있습니다. 아인슈타이늄은 모두 방사성 붕괴되어 자연계에서는 발견할 수 없습니다. 또한, 생산량이 극히 적고 수명이 짧아 현재로는 보다 무거운 인공 원소들의 합성에 쓰이는 등의 연구에만 이용됩니다.

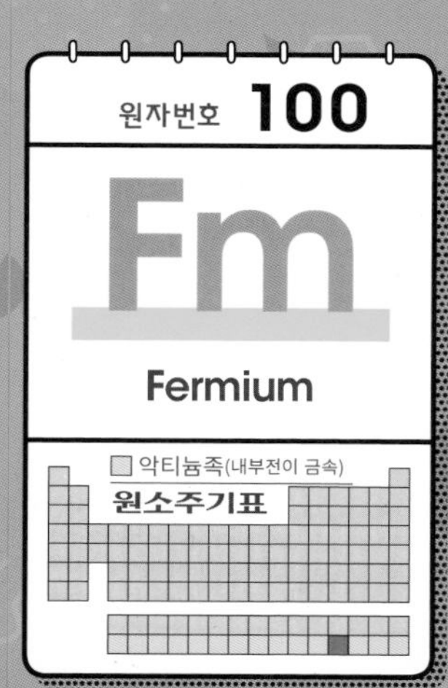

페르뮴

상온 상태 고체

노벨 물리학상을 수상한 학자의 이름을 딴 원소

주요 물질 인공 방사성 원소

원 자 량 (257) **밀 도** (9.7)g/cm^3

녹 는 점 (1,527)°C **끓 는 점** ——

발견 연도 1952년

발 견 자 로렌스 버클리 국립연구소(미국)

▲ 1952년 수소폭탄 실험인 아이비 작전(마이크 실험 때의 버섯구름)

◀ 엔리코 페르미 (이탈리아, 1901~1954년)

메모

원소명은 원자핵 물리학자 페르미에서 유래했으며, 페르미는 1938년 노벨 물리학상을 수상했습니다.

수소폭탄 실험에서 합성된 또 하나의 원소

1952년 서태평양의 마셜제도에서 진행된 미국에 의한 수소폭탄 실험 후 발견된 방사성 원소입니다. 아인슈타이늄이 붕괴해 생성됐다고 추정되고 있습니다. 페르뮴은 은백색을 띠는 원소로, 반감기가 짧으며 강한 방사선을 내는 화학 반응성이 큰 원소입니다. 얻어지는 양이 매우 적고 아직 순수한 원소 상태의 금속이나 고체 화합물도 얻지 못해 방사성 붕괴 성질 이외의 성질은 거의 알려져 있지 않습니다. 대부분 우라늄이나 플루토늄에 싱크로트론으로 가속한 중성자를 충돌시켜서 합성합니다. 페르뮴 이후의 원소는 모두 홑원소 물질 금속으로 되어 있지 않습니다.

원자번호 101

Md

Mendelevium

악티늄족(내부전이 금속)

원소주기표

멘델레븀

상온 상태 고체

사이클로트론(가속기)에서 합성된 원소

주요 물질 인공 방사성 원소

원 자 량 (258)　　밀 도 (10.3)g/cm³

녹 는 점 (827)°C　　끓는점 ——

발견 연도 1955년

발 견 자 로렌스 버클리 국립연구소(미국)

▲ 101번째 원소 발견을 기념한 멘델레예프 우표(2009년/러시아).

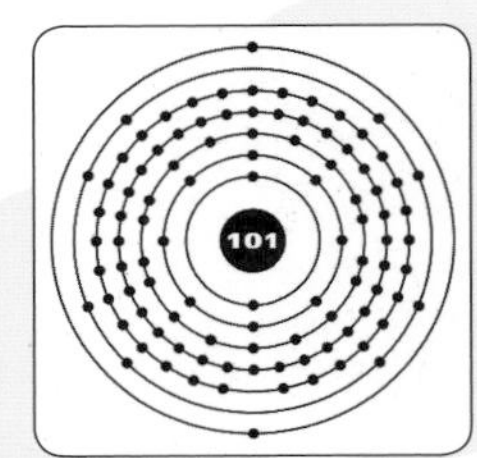

▲ 멘델레븀 원자 및 전자 배치의 개념 벡터도

메모

원소명은 주기율표를 만든 러시아 화학자, 멘델레예프의 이름을 따 명명하였습니다.

주기율표 창시자에서 유래한 원소

원자번호 101번으로 초우라늄 원소 중 하나로 반감기가 비교적 짧으며 강한 방사선을 내며, 화학 반응성이 큰 금속 원소입니다. 1955년 미국의 시보그 등의 캘리포니아대학 연구팀이, 아인슈타이늄 253에 가속 헬륨 이온을 충돌시켜 멘델레븀 256을 얻었습니다. 극히 소량밖에 만들어지지 않아서 아직까지 순수한 원소 상태의 금속이나 고체 화합물을 얻지 못했습니다. 따라서 방사성 붕괴 성질 이외의 성질들은 거의 알려져 있지 않습니다. 멘델레븀은 얻는 양이 매우 적고 빠르게 붕괴해 기초과학 연구 목적으로만 사용됩니다.

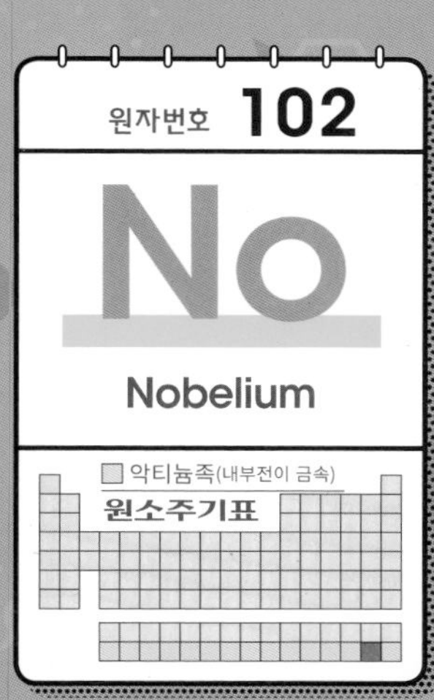

노벨륨

3개의 국가가 발견을 주장한 원소

주요 물질 인공 방사능 원소

원 자 량 (259) 밀 도 (9.9)g/cm^3

녹 는 점 (827)°C 끓 는 점 ——

발견 연도 1966년

발 견 자 게오르기 플레로프(러시아)

▲ 원소명은 알프레드 노벨에서 유래했습니다.

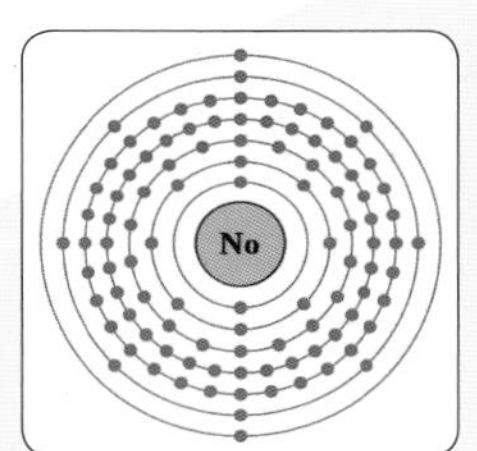

▲ 노벨륨 원자 및 전자 배치 기념 벡터도

메모

옛 소련, 스웨덴, 미국에서 발견이나 명명권을 둘러싸고 충돌이 지속됐습니다.

노벨상 발안자의 이름을 딴 원소

스웨덴 노벨물리학연구소 팀이 발표했는데, 추가 실험에서는 확인되지 않았고, 1958년 기오르소 연구팀이 발견했다고 주장했지만, 1966년에는 물리학자 게오르기 플레로프가 이끄는 러시아 합동핵연구소의 발견을 공식 인정했습니다. 멘델레븀 다음의 두 번째 초페르뮴 원소로, 초페르뮴 원소는 원자번호 100번인 페르뮴보다 원자번호가 큰 원소입니다. 초페르뮴 원소는 원자로에서 보다 가벼운 원소에 이온을 충돌시키는 방법으로 만들어집니다. 초페르뮴 원소들은 만드는 과정이 매우 복잡하며, 극소량만 만들어지며, 반감기가 매우 짧아 특성이 거의 알려진 바 없습니다.

원자번호 **103**

Lr

Lawrencium

악티늄족(내부전이 금속)

원소주기표

로렌슘

상온 상태 **불명**

방사능을 지닌 연구용 원소

주요 물질 인공 방사성 원소

원 자 량 (266) **밀 도** (15.6)g/cm^3

녹 는 점 (1,627)°C **끓 는 점** ——

발견 연도 1961년

발 견 자 로렌스 버클리 국립연구소(미국)

▲ 1961년 주기율표 103번 발견 당시의 기호 'Lw'를 기재한 발견자 기오르소

◀원소명은 미국 물리학자 어니스트 로렌스(사이클로트론 발명자)에서 유래

메모

이 원소는 극히 소량만 만들 수 있으므로 연구용 이외의 용도는 없습니다.

신원소 생성 장치 '사이클로트론' 발명자의 이름을 딴 원소

15종류의 악티늄족의 마지막 원소입니다. 로렌슘의 동위 원소는 모두 반감기가 매우 짧고 한 번에 원자 몇 개만 만들어져 동위체가 없고, 방사성 붕괴 성질 이외의 물리 및 화학적 성질은 거의 알려지지 않았습니다. 1961년 캘리포니아대학 연구팀에 의해 중이온선형 가속기에서, 캘리포늄의 3개 동위체 혼합물에 붕소 이온을 쬐어 합성됐습니다. 로렌스가 발명한 사이클로트론(입자 가속기)은 입자를 빛의 속도로 가속시켜 입자를 쪼개게 되는데, 이 과정에서 입자를 구성하는 새로운 원소를 검출할 수 있기에 우주 생성의 비밀을 푸는 장치입니다.

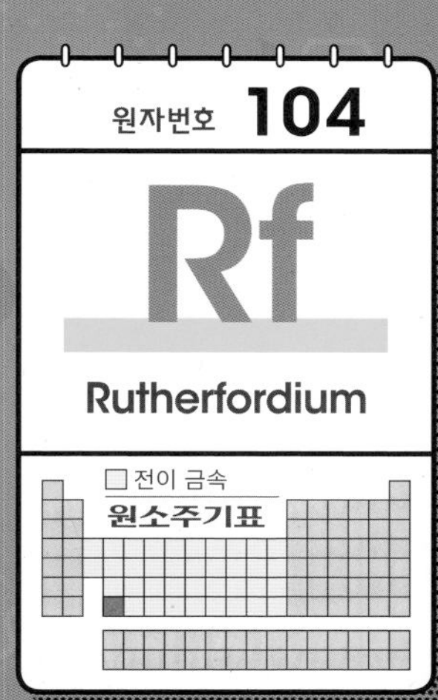

러더포듐 

미국과 옛 소련이 발견자를 둘러싸고 대립한 원소

주요 물질 인공 방사성 원소
원 자 량 (267) **밀 도** (23)g/cm^3
녹 는 점 (2,100)°C **끓 는 점** (5,500)°C
발견 연도 1964년, 1969년
발 견 자 합동원자핵연구소(러시아), 로렌스 버클리 국립연구소(미국)

▲ 원소명은 영국 물리학자 러더퍼드의 이름에서 유래했습니다.

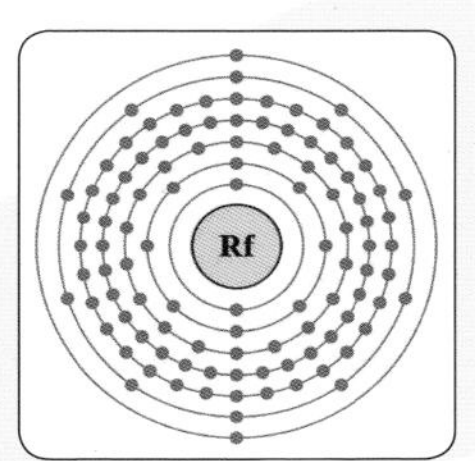

▲ 러더포듐 원자 및 전자 배치 개념 벡터도

메모
미국과 옛 소련이 발견자를 놓고 대립한 끝에 두 나라의 발견이 인정됐습니다.

발견 이후 30년이 지나 명명된 원소

리더포듐은 캘리포늄에 탄소를 충돌시켜 합성된 방사성 원소입니다. 러더퍼드는 α선과 β선을 발견, 원자 중심부에 원자핵이 존재하는 것을 증명했습니다. 104번 러더포듐 이후의 원소는 초중원소라고도 불립니다. 러더포듐은 자연에는 존재하지 않고, 사이클로트론을 사용해 가벼운 원소 표적에 무거운 원소를 충돌시켜 만듭니다. 아주 극미량만 얻어지며, 물리 화학적 특성은 잘 알려져 있지 않습니다. 러더포듐 발견 당시에는 새로운 원소를 발견한다는 것이 나라의 과학 기술을 대표하는 성과처럼 받아들여져 원소명을 정하는 데 1997년이 되어서야 원소명이 정식으로 결정되었습니다.

더브늄

미국과 옛 소련이 발견자를 둘러싸고 대립한 원소

주요 물질 인공 방사성 원소

원 자 량 (268) **밀 도** (29.3)g/cm^3

녹 는 점 —— **끓 는 점** ——

발견 연도 1968년

발 견 자 두브나 합동원자핵연구소(러시아)

▲ 러시아 두브나 시장. 원소명은 발견된 마을 이름 두브나(Dubna)에서 유래했습니다.

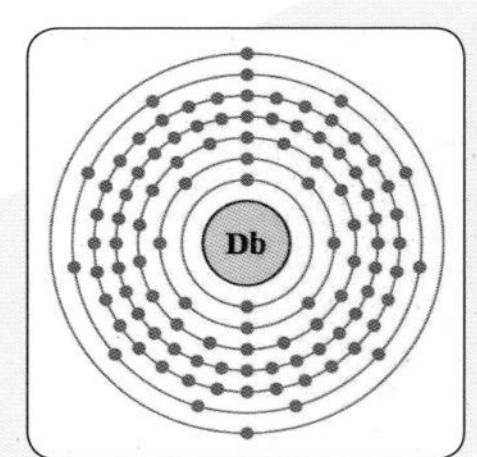

▲ 더브늄 원자 및 전자 배치 개념 벡터도

메모

미국과 옛 소련이 발견자를 놓고 대립한 끝에 두 나라 사람의 발견이 인정됐습니다.

옛 소련의 연구소가 있는 마을 이름을 따 명명

1968년 소련(러시아) 두브나 합동원자핵연구소(JINR)에서 발견이 보고된 방사성 원소입니다. 같은 해 미국 캘리포니아대학 버클리 캠퍼스에서 기오르소도 합성에 성공했습니다. 아주 적은 양을 얻고 그나마도 순식간에 붕괴되기 때문에 물리 화학적 특성을 알 수 없습니다. 옛 소련(러시아)는 원자 구조와 양자역학 분야에 업적을 남긴 덴마크의 물리학자 닐스 보어의 이름을 따서 닐스보륨으로 정하자고 주장했고, 미국은 핵분열 현상을 발견한 오토 한의 이름을 따 하늄으로 정하기를 원했습니다. 원소명 '더브늄'은 1997년 옛 소련 측의 의견이 인정돼 최종 결정됐습니다.

시보귬

생존 중인 인물과 연관된 이름이 처음으로 붙은 원소

주요 물질 인공 방사성 원소

원 자 량 (269) **밀 도** (35)g/cm^3

녹 는 점 —— **끓 는 점** ——

발견 연도 1974년

발 견 자 로렌스 버클리 국립연구소(미국)

▲ 원소명은 미국 핵화학자 글렌 시보그의 이름을 따 명명됐습니다.

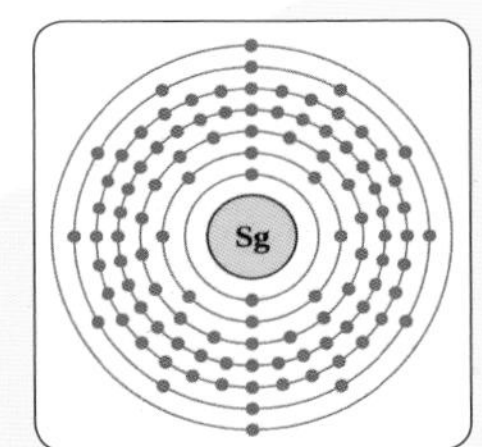

▲ 시보귬 원자 및 전자 배치 개념 벡터도

메모

생존 중인 인물이 원소명이 된 것은 이것이 최초입니다. 시보그는 9개의 원소를 발견했습니다.

많은 원소를 발견한 화학자의 이름을 따 명명

1974년 캘리포니아대학 로렌스버클리국립연구소에서 기오르소, 시보그 등의 연구팀이 캘리포늄에 산소 이온을 충돌시켜 합성했습니다. 옛 소련의 오가네시안과 같은 시기의 발견이었는데, 미국 측 발표가 채용됐습니다. 시보귬은 한 번에 원자 몇 개만 만들어지고 반감기가 매우 짧아 물리 화학적 특성은 잘 알려져 있지 않으나 은색 금속 고체로 공기, 수증기, 산과 잘 반응하며, 자세한 성질은 밝혀지지 않았습니다. 글렌 시보그는 아메리슘부터 노벨륨까지 원소를 인공적으로 만들어 냈으며 89번부터 103번까지의 원소를 악티늄족(악티노이드)이라 분류했습니다.

원자번호 107

Bh

Bohrium

☐ 전이 금속

원소주기표

보륨

상온 상태 불명

옛 서독의 중이온연구소팀이 합성한 원소

주요 물질 인공 방사성 원소

원 자 량 (270) **밀 도** (37.1)g/cm^3

녹 는 점 —— **끓 는 점** ——

발견 연도 1981년

발 견 자 피터 아름브루스터, 고트프리트 뮌헨베르크(독일)

107 Bh

제1주기 제2주기 제3주기 제4주기 제5주기 제6주기 제7주기

▲ 원소명은 덴마크의 이론물리학자 보어(Bohr)에서 유래했습니다.

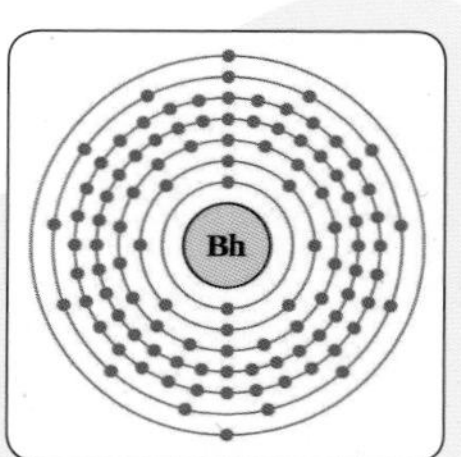

▲ 보륨 원자 및 전자 배치 개념 벡터도

메모

보어는 원자 내부를 설명하는 모델로, 1922년 노벨 물리학상을 수상했습니다.

덴마크의 물리학자 이름을 따 명명

보륨은 옛 서독의 중이온연구팀이 비스무트에 크롬을 충돌시켜 합성한 방사성 원소입니다. 자연에는 존재하지 않는 인공 방사성 원소인 보륨은 사이클로트론을 사용해 한 번에 원자 몇 개만 얻어지며, 물리 및 화학적 특성들은 거의 알려져 있지 않습니다. 보어는 '전자는 원자핵에서 분리된 일정 궤도에 존재하고 있다'는 원자 구조 모형 '보어의 원자 모형'이라고 불리는 모델을 제안했습니다. 전자 궤도를 바탕으로 주기율표의 의미를 밝혀 하프늄의 발견 또한 끌어냈습니다. 1922년 보어는 공로를 인정받아 노벨 물리학상을 수상했습니다.

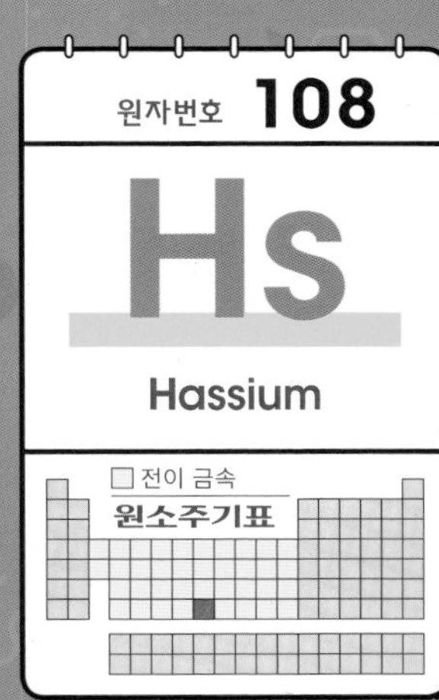

하슘

상온 상태 불명

독일 헤센주의 이름을 따 명명된 원소

주요 물질 인공 방사성 원소

원 자 량 (277) 밀 도 (41)g/cm^3

녹 는 점 —— 끓 는 점 ——

발견 연도 1984년

발 견 자 피터 아름브루스터, 고트프리트 뮌첸베르크(독일)

▲ 헤센주의 문장. 원소명은 연구소가 있는 독일의 헤센주(라틴어 : 하시아)에서 유래했습니다.

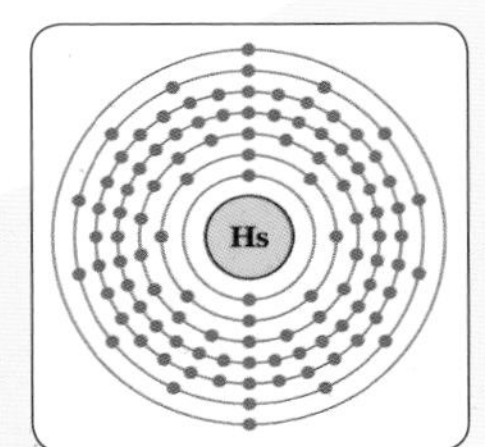

▲ 하슘 원자 및 전자 배치 개념 벡터도

메모

1997년까지 하슘은 Unniloctium이라는 임시 명칭으로 불렸습니다.

독일 연구소가 합성한 세 번째 원소

독일 중이온연구소(GSI)에서 납과 철을 충돌시켜 합성한 방사성 원소입니다. 과학적 성질은 오스뮴과 유사합니다. 하슘은 표준 상태에서 은색 금속 고체이고, 산소와 잘 반응할 것으로 예측됩니다. 하슘은 모든 동위 원소들의 반감기가 아주 짧은 방사성 원소이며, 가장 안정한 동위 원소의 반감기가 약 9.7초에 불과합니다. 또한, 지금까지 합성된 원자 수는 100개가 조금 넘는 정도이고, 반감기도 짧아 화학적 특성은 잘 알려져 있지 않습니다. 독일에 이어 곧바로 소련도 합성에 성공했는데, 명명권은 독일에 주어졌습니다. 1992년 신원소로 인정됐습니다.

원자번호 109

Mt

Meitnerium

□ 전이 금속

원소주기표

마이트너륨

상온 상태 불명

핵분열 반응의 이론적 해석을 제공한 물리학자 이름에서 유래한 원소

주요 물질 인공 방사성 원소

원 자 량 (278) **밀 도** (37.4)g/cm^3

녹 는 점 —— **끓 는 점** ——

발견 연도 1982년

발 견 자 피터 아름브루스터, 고트프리트 뮌첸베르크(독일)

▲ 원소명은 오스트리아 물리학자 마이트너에서 유래했습니다. (1946년 사진)

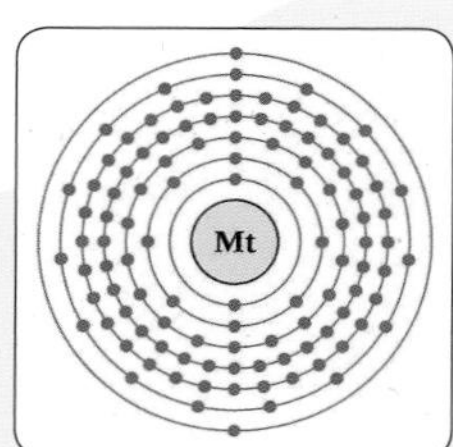

▲ 마이트너륨 원자 및 전자 배치 개념 벡터도

메모

유대계 가정 출신의 마이트너는 나치의 박해를 피해 스웨덴으로 망명했습니다.

단독으로 여성 이름이 붙은 유일한 원소

마이트너륨은 비스무트에 철을 충돌시켜 합성한 방사성 원소입니다. 마이트너륨의 물리적, 화학적 성질은 확실하게 밝혀진 것이 없으며, 보륨, 하슘과 달리 화합물도 발견된 것이 전혀 없습니다. 또한, 화학적 성질은 이리듐과 유사할 것으로 예측하지만, 자세한 것은 밝혀지지 않았습니다. 마이트너는 프로탁티늄을 발견하고, 우라늄 중성자에 의한 핵분열 반응을 이론물리학적으로 분석해, 핵분열로부터 대량의 에너지를 만들어 낼 수 있다는 핵분열에 관한 개념을 최초로 이끌어낸 과학자입니다. 마이트너륨의 사용은 기초과학 연구 외에는 알려진 바 없습니다.

원자번호 **110**

Ds

Darmstadtium

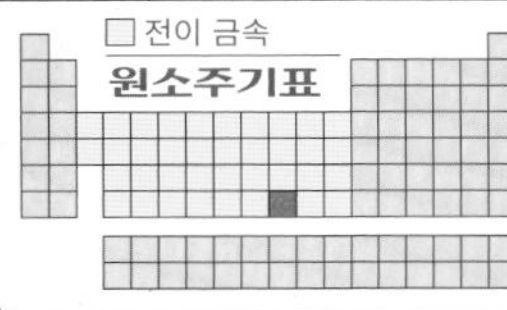

다름슈타튬

연속 발견 연구소의 소재지 이름에서 유래한 원소

주요 물질 인공 방사성 원소

원자량 (281) **밀도** (34.8)g/cm^3

녹는점 —— **끓는점** ——

발견 연도 1994년

발견자 지구르트 호프만, GSI 중이온연구소(독일)

▲ 독일 GSI 헬름홀츠 중이온연구소에 있는 가속기의 일부

▲ 독일 헤센주 다름슈타트시의 문장

메모

원소명 다름슈타튬은 GSI가 있는 다름슈타트시에서 유래했습니다.

과학 도시 다름슈타트에서 만들어진 원소

다름슈타튬은 1994년 납에 니켈을 충돌시켜, 독일 GSI 헬름홀츠 중이온연구소에서 합성된 방사성 원소입니다. 이때 생성된 다름슈타튬 269의 반감기는 약 0.000017초였습니다. 다름슈타튬은 일반적으로 지구상에 존재하지 않고, 가속기를 통해서만 생성됩니다. 물리적, 화학적 성질은 밝혀진 것이 없지만 팔라듐, 백금과 같은 귀금속 원소일 것으로 추측됩니다. 다름슈타튬이 발견되기까지 10년의 공백은 첫 번째 초우라늄 원소인 '넵투늄(Np, 원자번호 93)'이 1940년에 인공적으로 처음 합성되어 발견된 이후, 새로운 원소가 합성·발견되지 않은 가장 긴 기간입니다. .

원자번호 111

Rg

Roentgenium

전이 금속

원소주기표

뢴트게늄

상온 상태 불명

110번 신원소 발견 후 1개월 만에 합성한 원소

주요 물질 인공 방사성 원소

원 자 량 (282) **밀 도** (28.7)g/cm^3

녹 는 점 —— **끓 는 점** ——

발견 연도 1994년

발 견 자 지구르트 호프만, GSI 중이온연구소(독일)

▲ 원소명은 물리학자 뢴트겐에서 유래했습니다. 뢴트겐은 X선 발견자입니다.

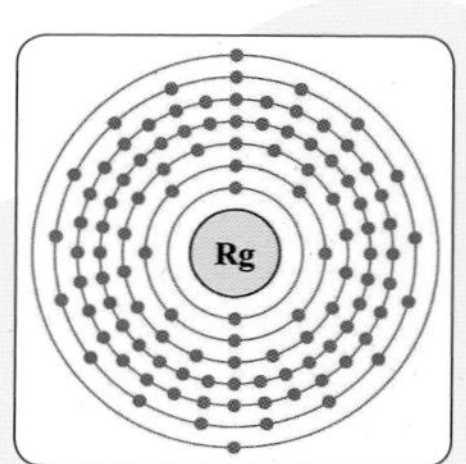

▲ 뢴트게늄 원자 및 전자 배치 개념 벡터도

메모

뢴트게늄은 110번 신원소 발견 이후 불과 1개월 만에 합성됐습니다.

X선 발견자 뢴트겐의 이름을 딴 원소

뢴트게늄은 1994년 독일의 GSI 헬름홀츠 중이온연구소에서 지구르트 호프만이 이끄는 국제연구팀이 중이온 선형 가속기에서 가속한 니켈 이온을 비스무트에 충돌시켜 합성한 방사성 원소입니다. 뢴트게늄은 반감기가 아주 짧은 인공 방사성 원소입니다. 동위 원소들은 한 번에 원자 몇 개만 얻어지고 반감기도 아주 짧습니다. 따라서 밀도, 녹는점, 끓는점 등의 성질들이 실험적으로 조사되지 않았으며, 자세한 성질은 거의 알려지지 않았습니다. 1895년에 X선을 발견하고 1901년에 최초의 노벨 물리학상을 수상한 독일 물리학자 뢴트겐의 이름에서 유래했습니다.

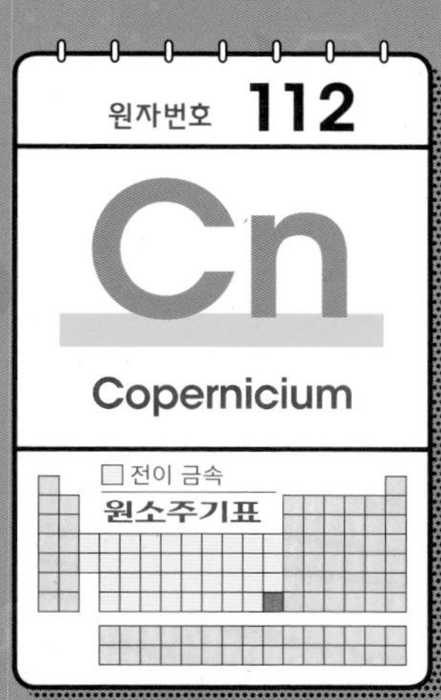

코페르니슘

상온 상태 **불명**

국제연구팀이 독일에서 합성한 원소

주요 물질 인공 방사성 원소

원 자 량 (285) **밀 도** (23.7)g/cm^3

녹 는 점 —— **끓 는 점** (84)°C

발견 연도 1996년

발 견 자 지구르트 호프만, GSI 중이온연구소(독일)

▲ 원소명 코페르니슘은 중세 천문학자 코페르니쿠스에서 유래했습니다.

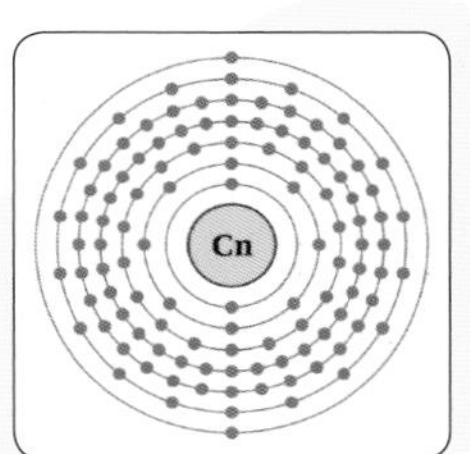

▲ 코페르니슘 원자 및 전자 배치 개념 벡터도

메모

코페르니슘은 2010년 원소명이 붙은 신원소입니다.

지동설을 주창한 천문학자 이름을 딴 원소

코페르니슘은 1996년 독일의 GSI 헬름홀츠 중이온연구소에서 납에 아연을 충돌시켜 합성된 방사성 원소입니다. 검출된 원자의 수는 100개를 넘지 않고 반감기도 아주 짧습니다. 따라서 물리 화학적 성질들이 실험적으로는 거의 알려지지 않았습니다. 많은 연구진이 원자 2개를 사용한 화학적 실험을 수행해 2007년 보고했는데, 코페르니슘은 아주 휘발성이 매우 강하고, 수은과 마찬가지로 금 표면에 잘 흡착되는 원소임을 밝혀냈습니다. 코페르니쿠스는 천동설(태양이 지구 주위를 돌고 있다는 설)을 부정하고, 지동설(지구가 태양 주위를 돌고 있다는 설)을 주창한 폴란드 출신의 천문학자입니다.

원자번호 **113**

Nh

Nihonium

원소주기표

니호늄

상온 상태 **불명**

일본에서 유래해 명명된 원소

주요 물질	인공 방사성 원소		
원 자 량	(286)	**밀 도**	(16)g/cm^3
녹 는 점	(430)°C	**끓 는 점**	(1,130)°C
발견 연도	2004년		
발 견 자	모리타 고스케 등 물리학연구소의 연구팀(일본)		

Photo by 文部科学省 홈페이지

▲ 이화학연구소 니시나 가속기연구센터에서 그룹 디렉터를 역임한 모리타 코스케 박사(사진 중앙). 원소명은 '일본'에서 유래했습니다.

▲ 이화학연구소 니시나 가속기연구센터에서, 모리타 코스케(왼쪽)와 문부과학성 장관 하세 히로시 (2016년 6월)

이용 방법

- 연구용

일본에서 발견된 아시아 최초 원소

니호늄은 2004년 일본 사이타마현 와코시에 있는 이화학연구소(RIKEN)에서 비스무트에 아연 이온을 충돌시켜 합성된 인공 원소입니다. 원자핵에 113개의 양자를 가진 니호늄을 만들기 위해 30개의 양자를 가진 아연 원자핵을, 83개의 양자를 지닌 비스무트 원자핵에 빠르게 부딪혀 융합시키는 실험을 했습니다. 아연 빔을 쬔 시간은 575일, 아연과 비스무트 충돌 횟수는 400조 회, 성공 확률은 100조분의 1입니다. 그 결과 만들어진 113번 원소는 단 3개뿐이었습니다. 자세한 성질 등은 밝혀지지 않았습니다. '니호늄'은 '일본'의 일본식 발음인 '니혼'에 원소 또는 금속을 뜻하는 '이움(-ium)'을 결합해 만든 것입니다.

플레로븀

상온 상태 불명

러시아와 미국의 공동 연구로 합성된 원소

주요 물질	인공 방사성 원소		
원 자 량	(289)	밀 도	(14)g/cm^3(기체)
녹 는 점	(70~150)°C(고체)		(22)g/cm^3(고체)
발견 연도	1998년	끓 는 점	(−60)°C(기체)
발 견 자	유리 오가네시안(러시아), 로렌스 리버모어 국립 연구소(미국)		

▲ 러시아 물리학자로 합동원자핵연구소 설립자인 플레로프의 기념우표(2013년/러시아)

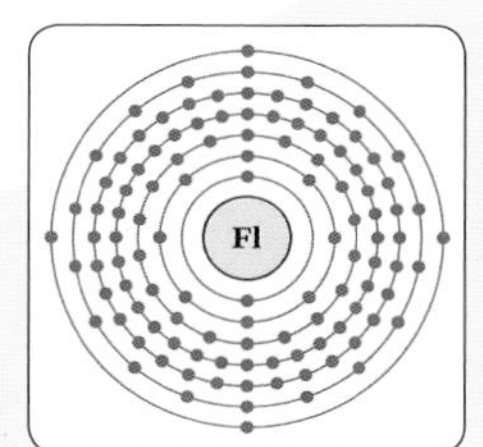

▲ 코페르니슘 원자 및 전자 배치 개념 벡터도

메모

코페르니슘은 2010년 원소명이 붙은 신원소입니다.

국제적인 공동 연구에서 탄생한 원소

러시아와 미국이 공동 연구해, 러시아의 두브나 합동원자핵연구소(JINR)에서 플루토늄과 칼슘의 충돌 실험에 의해 생선된 방사성 원소입니다. 플레로븀은 다른 인공 원소와 마찬가지로 수 개에서 수십 개의 원자만 합성되고 빠른 시간 안에 붕괴합니다. 따라서 물리 화학적 성질을 분석하기 어렵지만, 여러 실험 결과 화학적 성질은 주기율표에서 바로 위에 위치한 납과 비슷하며, 휘발성이 강할 것으로 추정됩니다. 플레로븀을 합성하기 어려운 이유는 현재의 인공 합성 기술로는 중성자가 많은 핵을 만들어 낼 수 없기 때문입니다.

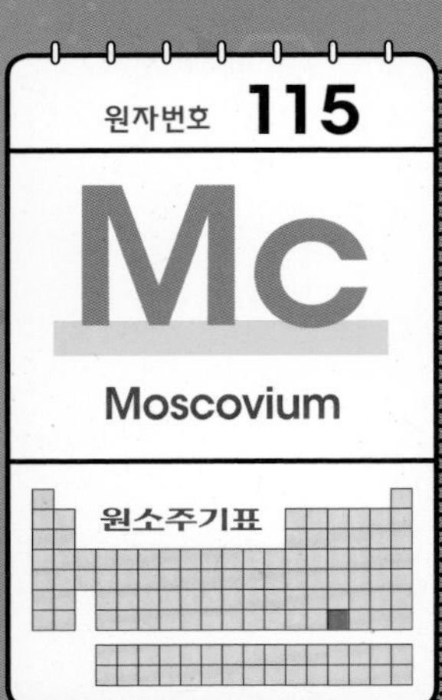

모스코븀 

상온 상태 **불명**

SF 소설에서 UFO 연료로 사용되고 있다고 하는 원소

주요 물질 인공 방사성 원소

원 자 량 (289) **밀 도** (13.5)g/cm^3

녹 는 점 (400)°C **끓 는 점** (1,100)°C

발견 연도 2003년

발 견 자 두브나 합동원자핵연구소(러시아), 로렌스 리버모어 국립 연구소(미국)

▲ 모스코븀의 어원이 된 모스크바에 있는 붉은광장

▲ 모스크바주의 문장

메모

예전에는 라틴어 '115번째의 원소' 의미를 나타내는 우눈펜튬이라는 임시 명칭으로 불렸습니다.

모스크바에서 유래한 인공 방사성 원소

2003년 미국과 러시아의 공동 연구에서 진행된 칼슘 원자핵을 아메리슘 원자핵에 충돌시키는 실험에서, 115번 원소가 합성됐다는 보고가 2004년 있었습니다. 그 후 2013년 스웨덴팀이 그에 대한 재실험에 성공했습니다. 2015년 말에 모스코븀의 존재가 공식적으로 인정되었으며, 2016년 6월 실험을 수행한 두브나 합동원자핵연구소(JINR)가 있는 러시아 모스크바의 이름을 따와 모스코븀으로 명명하였습니다. 모스코븀은 지각에는 존재하지 않으며, 방사성이 매우 강한 원소로 추정됩니다. 지금까지 검출된 원자의 수가 매우 적고 반감기가 매우 짧아 방사성 특성 이외의 성질은 아직 조사되지 않았습니다.

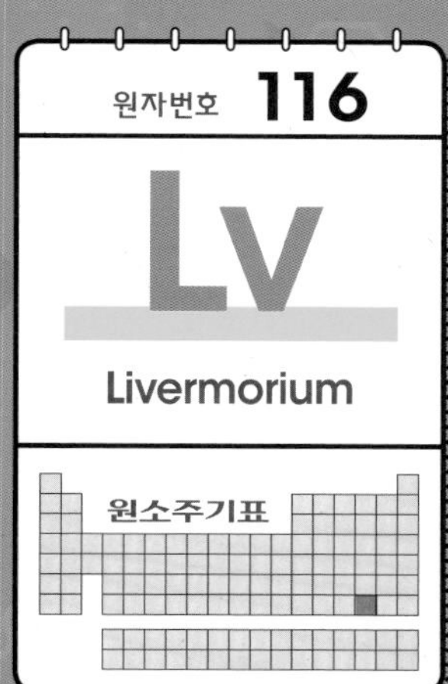

리버모륨 

상온 상태 불명

지구상에는 존재하지 않는 합성 원소

주요 물질 인공 방사성 원소

원 자 량 (293) 밀 도 (12.9)g/cm^3

녹 는 점 (360~510)°C 끓 는 점 (760~860)°C

발견 연도 2000년

발 견 자 두브나 합동원자핵연구소(러시아), 로렌스 리버모어 국립 연구소(미국)

▲ 로렌스 리버모어 국립연구소 (2005)

▲ 러시아의 모스크바주에 있는 두브나 합동원자핵연구소 본부

메모

과거 리버모륨은 우눈헥슘이라는 임시 명칭으로 불렸습니다.

원소명은 연구소가 있는 농장주에서 유래

2000년 러시아와 미국 공동 연구팀이 퀴륨과 칼슘으로부터 합성했으며, 지금까지 수십 개의 원자만 검출되었고 또 반감기가 아주 짧기 때문에 물리 화학적 성질이 조사되지 않았습니다. 다만 금속 성질을 가지며, 산화 화합물을 만들 수 있을 것으로 추정되고 있습니다. 초악티노이드 원소, 초우라늄 원소 중 하나입니다. 리버모륨은 2012년 이름이 결정됐습니다. 연구팀 가운데 미국 측의 로렌스 리버모어 국립연구소에서 유래했습니다. 인공 방사성 원소를 발견한 국가가 미국, 독일, 러시아가 대부분인 것은 바로 입자 가속기를 사용한 연구에 활발하기 때문입니다.

원자번호 117
Ts
Tennessine
원소주기표

테네신

모스코븀·오가네손과 함께 공인되고 명칭이 결정된 원소

주요 물질 인공 방사성 원소

원 자 량 (294) **밀 도** (7.1~7.3)g/cm^3

녹 는 점 (350~550)°C **끓 는 점** (610)°C

발견 연도 2009년

발 견 자 JINR(러시아), LLNL, 밴더빌트대학교, ORNL(미국)

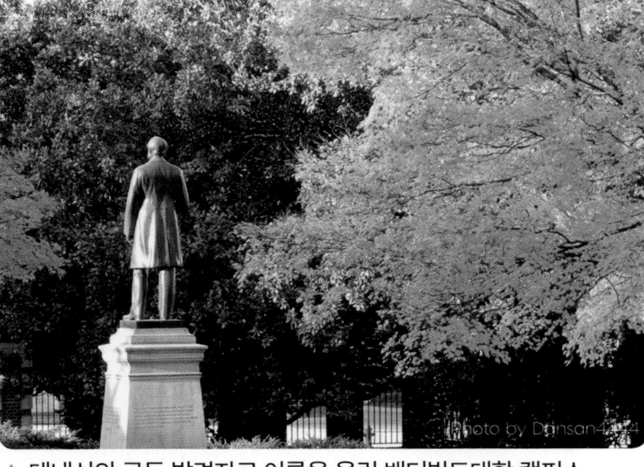

▲ 테네신의 공동 발견자로 이름을 올린 밴더빌트대학 캠퍼스

▲ 합성에 사용된 버클륨 (용액 중)

메모

과거에는 라틴어 '117번째 원소' 의미를 나타내는 우눈셉튬이라는 임시 명칭으로 불렸습니다.

러시아와 미국의 공동 연구팀에서 발견

테네신은 반감기가 매우 빨라 물리 화학적 특성은 알 수 없습니다. 2009년 러시아의 두브나 합동원자핵연구소(JINR)에서 버클륨과 칼슘으로부터 원소 합성됐으며, 2016년 '테네신'으로 정식 명명됐습니다. 다른 인공 원소처럼 접미사 '-ium'을 붙여 테네슘으로 짓지 않고 할로겐 원소를 의미하는 접미사 '-ine'를 붙여 테네신으로 지었다는 특징이 있습니다. 연구팀 가운데 미국 측의 오크리지국립연구소(ORNL)나 밴더빌트대학교 등이 있는 테네시주 이름을 따 명명됐습니다.

* LLNL : 로렌스 리버모어 국립연구소(Lawrence Livermore National Laboratory)

두 번째 사례가 된 생존 과학자 이름을 딴 원소

주요 물질	인공 방사성 원소		
원자량	(294)	밀도	(4.9~5.1)g/cm^3
녹는점	——	끓는점	(80±30)°C
발견 연도	2002년		
발견자	유리 오가네시안, JINR(러시아), LLNL(미국)		

▲ 합성 원소 발견의 유리 오가네시안의 기념우표 (2017년/아르메니아)

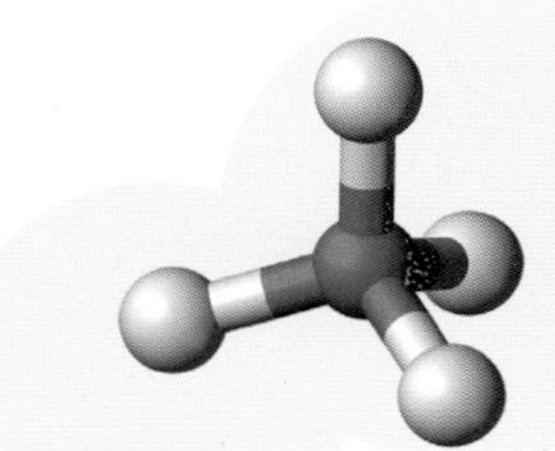

▲ 사플루오린화 오가네손은 사면체형의 분자 구조를 갖고 있다고 예측됩니다.

메모

생존 연구자의 이름을 따 원소기호가 명명된 것은 시보늄에 이어 두 번째입니다.

생존 연구자의 이름을 남긴 원소

오가네손은 원자번호 현재 주기율표상 마지막 원소이며, 2002년 러시아와 미국 공동 연구팀이 캘리포늄과 칼슘으로부터 원소 합성했습니다. 핵에 118개의 중성자를 가진 가장 무겁고, 최대 질량을 가진 인공 원소입니다. 또한, 반감기가 짧아 빠르게 붕괴하기 때문에 물리적, 화학적 성질을 알 수는 없지만, 방사성 기체이면서 유일하게 반도체 기체일 것으로 예측되고 있습니다. 잠정적으로 '우눈옥튬'으로 불리다 2016년 '오가네손'이 정식 명칭이 됐습니다. 연구팀 가운데 러시아 측의 두브나 합동원자핵연구소(JINR)에서 연구를 주도한 물리학자 유리 오가네시안의 이름을 따 명명됐습니다.

용어집 GLOSSARY

화합물

두 종류 이상의 원소가 정해진 비율로 화학적으로 결합한 물질.

안료

화합물 가운데, 특히 색깔이 선명하고 물이나 기름에 녹지 않아 도료나 잉크에 사용할 수 있는 것.

휘선(스펙트럼선)

불꽃이나 방전 등으로 높은 에너지 상태가 된 원자에서 방출되는, 정해진 파장(색)의 빛.

원자

양성자와 중성자 집단인 '원자핵'과 그 주위를 돌고 있는 전자로 구성된 매우 작은 입자. 원자는 원소마다 다르다. 원소마다 원자핵을 갖고 있는 양성자 수가 다르기 때문에 이 양성자를 '원자번호'라고 한다.

합금

종류가 다른 금속을 녹여 서로 섞은 것. 화합물과는 다르며, 섞여 있는 원소끼리의 비율은 정해져 있지 않고, 다양한 비율로 섞인 합금을 만들 수 있다.

광석

땅속에서 채굴된 자원으로, 화학적인 방법이나 전기의 힘을 사용해 금속 등의 원소를 추출할 수 있는 것. 광석에 함유돼 있는 금속은 산화물 형태를 띠고 있는 것이 많다. (예 : 철광석은 산화철, 알루미늄 원료 광석은 산화알루미늄)

산화물

산소와 다른 원소가 뭉쳐 생긴 화합물.

촉매

화학 반응 진행을 돕는 물질. 촉매 그 자체는 반응으로 줄거나 다른 물질로 바뀌거나 하지 않는다.

중성자

아원자 입자(원자보다 작은 입자)의 하나로, 거의 모든 원자의 원자핵에 포함돼 있다. 전하를 갖고 있지 않다. 무게는 양성자와 거의 같다.

초전도체

전기 저항 없이 전기를 잘 통하는 물질.

전개

부서지지 않도록 굽거나 모양을 바꾸거나 가공하거나 할 수 있는 성질.

전자

아주 작은 아원자 입자(원자보다 작은 입자)의 하나로 마이너스 전하를 갖고 있다.
원자끼리 결합(화학 결합)할 때는 전자가 활동한다. 무게는 양성자의 약 1,840분의 1.

동위체(동소체)

원자핵의 양성자 수는 같지만 중성자 수가 다른 원소를 말함.

반감기

동위체 가운데 불안정해서 방사선을 방출하며 붕괴해 다른 동위체나 다른 원소의 전자핵이 되는 것을 '방사성 동위체'라고 한다. 또한, 이 변화를 '방사성 붕괴'라고 한다. 어떤 방사성 동위체의 양이 점점 줄고, 원래의 반이 될 때까지 시간을 반감기라고 한다. 반감기만큼 시간이 지나면, 원래 양의 1/4(=1/2×1/2)이 된다. 반감기는 방사성 동위체마다 다르다.

반도체

전기 전도성이 금속과 비금속의 중간에 해당하는 물질. 반도체의 대부분은 반금속 화합물로 이뤄져 있다.

반응성

원소나 화합물마다 화학 반응을 일으키는 성질을 가진 정도. 반응성이 높은 화학 물질은 다른 화학 물질과 만날 때 급속히 반응해 큰 에너지를 방출하거나 흡수하거나 해서 위험할 수도 있다.

불활성

화학 반응을 일으키지 않는 성질.

방사선

방사성 원소의 원자핵에서 방출되는 알파선이나 베타선. 또는 에너지의 강력한 분출.
(예 : 감마선)

양극산화

금속 표면에 전류를 흐르게 하고, 표면을 보호하는 딱딱한 산화층을 만드는 것.

양성자

아원자 입자(원자보다 작은 입자)의 하나로, 플러스 전하를 갖고 있다. 모든 원자의 원자핵에 포함돼 있으며, 원자핵에 양성자가 몇 개 있느냐에 따라 어떤 원소인지가 결정된다. 원자핵이 지닌 양성자 수를 '원자번호'라고 한다.

색인 INDEX

A

B

C

D

E

F

G

H

I

K

L

M

〈참고문헌_원서〉

- ぜんぶわかる118元素図鑑:
  身近な元素から日本発の元素「ニホニウム」まで
  (子供の科学★サイエンスブックス)(子供の科学編集部)
- 世界でいちばん美しい こども元素ずかん(創元社)
- 小学館の図鑑たんけん!NEO 元素のひみつ(小学館)
- 元素のすべてがわかる図鑑(ナツメ社)
- 新版 美しい元素(学研)
- 図解入門 よくわかる 最新 元素の基本と仕組み(秀和システム)
- 元素がわかると化学がわかる(ベレ出版)
- 図解雑学 元素(ナツメ社)
- 元素生活(化学同人)
- あの元素は何の役に立っているのか?(宝島社)
- イラスト図解 元素(日東書院 本社)

〈참고문헌_한글번역판〉

- 대한민국 교육부 : https://www.moe.go.kr/
- 대한화학회 화학백과 : http://www.kcsnet.or.kr/
- 위키백과 : https://en.wikipedia.org/wiki/
- The Elements: The New Guide to the Building Blocks of Our Universe, October 2012, Jack Challoner

みんなが知りたい! 元素のすべて
世界を形づくる成分の種類と特徴がわかる

편집·글
浅井 精一
本田 玲二
竹田 政利
黒川 由紀子

디자인
藤本 丹花

일러스트
松井 美樹

제작
株式会社 カルチャーランド

모두가 알고 싶은 원소란 무엇인가

세계를 구성하는 성분의 종류와 특징을 한눈에 파악할 수 있다

1판 1쇄 인쇄 2023년 6월 7일
1판 1쇄 발행 2023년 6월 15일

지 은 이 | '원소의 모든 것' 편집실(「元素のすべて」編集室)
옮 긴 이 | 김승훈 번역 감수 | 박세정
펴 낸 이 | 박정태
편집이사 | 이명수 출판기획 | 정하경
편 집 부 | 김동서, 전상은, 김지희
마 케 팅 | 박명준, 박두리 온라인마케팅 | 박용대
경영지원 | 최윤숙

펴낸곳 BOOK STAR
출판등록 2006. 9. 8. 제 313-2006-000198 호
주소 파주시 파주출판문화도시 광인사길 161 광문각 B/D 4F
전화 031)955-8787
팩스 031)955-3730
E-mail kwangmk7@hanmail.net
홈페이지 www.kwangmoonkag.co.kr

ISBN 979-11-88768-66-0 03430
가격 20,000원